新知图书馆

第三辑

身边的化学秘密

[美] 伊恩 · C. 斯图尔特
贾斯廷 · P. 洛蒙特 /著
侯鲲　雷铮　宗毳 /译

上海科学技术文献出版社
Shanghai Scientific and Technological Literature Press

图书在版编目（CIP）数据

身边的化学秘密 /（美）伊恩·C.斯图尔特，（美）贾斯廷·P.洛蒙特著. 侯鲲，雷铮，宗毳译. —上海：上海科学技术文献出版社，2020
ISBN 978-7-5439-8070-9

Ⅰ. ① 身… Ⅱ. ① 伊… ② 贾… ③ 侯… ④ 雷… ⑤ 宗… Ⅲ. ①化学—普及读物 Ⅳ. ① O6-49

中国版本图书馆 CIP 数据核字 (2020) 第 026548 号

The Handy Chemistry Answer Book

图字：09-2014-267

责任编辑：李　莺
封面设计：周　婧

身边的化学秘密
SHENBIAN DE HUAXUE MIMI
[美]伊恩·C.斯图尔特　贾斯廷·P.洛蒙特　著　侯鲲　雷铮　宗毳　译
出版发行：上海科学技术文献出版社
地　　址：上海市长乐路 746 号
邮政编码：200040
经　　销：全国新华书店
印　　刷：常熟市人民印刷有限公司
开　　本：720×1000　1/16
印　　张：12.75
字　　数：215 000
版　　次：2020 年 9 月第 1 版　2020 年 9 月第 1 次印刷
书　　号：ISBN 978-7-5439-8070-9
定　　价：45.00 元
http://www.sstlp.com

前言

青春痘里面有什么?

为什么吃火鸡会犯困?

荧光棒的原理是什么?

为什么喝醉酒第二天会头痛?

化学(当然,还有这本书!)将会为你解答所有这些问题。这些问题的背后都关联着很多非常有趣的化学故事与人物。所以,不论你曾在中学还是大学学习过化学,甚至正在从事与化学相关的工作,我们相信你都会从这本书中发现乐趣,正如我们在写作过程中所获得的乐趣一样。

只要翻开本书,你马上就会发现,我们的叙述方式与教科书完全不同。如果你对身边世界中的任何物体(不论是你接触到的、感受到的还是品尝到的)存有好奇心的话,那么这本书就是你正确的选择。我们采用了简洁的问答形式来解释人们日常生活中的化学问题。在这里,你可以找到化学学科各方面的内容。

据我们猜测,你很有可能会想知道诸如月桂醇聚醚硫酸酯钠在洗发香波中有何作用之类问题的答案,但你从来没有机会问出这个问题。所以我们希望能用浅近的语言来解释这些问题,这也是为什么整本书都采用了口语形式,即使我们谈论的是一些非常深奥的主题。我们希望你获得的阅读感受就像和人在讨论化学一样,即便这曾是你打死也不会干的事情。化学结构图统贯全书,并且采用的是一种简化的画图方式。你可以用这些图来作为参考,但不要完全依赖它们。更多的注意力还是应该放在书中所表述的化学原理上。如果你有书上没有涉及的化学方面的问题,或者你想告诉我们你所知道的化学故事,那么不要犹豫,请随时给我们发邮件。

最后,我们很享受各自在所供职的公司和高等学府中的生活,我们希望未来几年能够继续这儿的工作。所有本书的事实、影响、错误和意见完全由我们自己负责，不代表我们所供职的公司或机构，以及其他人和组织的意见及立场。

伊恩·C.斯图尔特（Ian C. Stewart）

贾斯廷·P.洛蒙特（Justin P. Lomont）

（电邮：Handy.chemistry.answers@gmail.com。）

目录

CONTENTS

目录

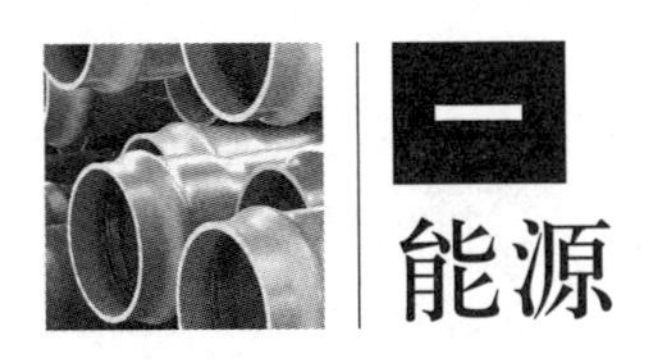

一 能源

能　　源

全球能源危机是什么?

世界能源大约32.4%来源于石油,另外27%来源于煤炭,还有21%来源于天然气。合起来计算,这三种能源的份额超过地球能源总量的80%。剩下的近20%主要来自可燃的可再生能源和垃圾(10%)、核能(6%)和水力发电(2%)。正如你所看到的,经常讨论到的绿色能源,如太阳能或风力发电,还没有对解决全球能源危机做出实质上的贡献。

世界范围的能源

能源种类	总用量占比(%)
石油	32.4
煤炭	27.3
天然气	21.4
生物燃料和垃圾	10.0
核能	5.7
水力发电	2.3
其他	0.9

* 根据2010年国际能源机构发表的报告所得。
(http://www.iea.org/publications/freepublications/publication/kwes.pdf)

原油是什么?

原油蕴藏在未开发的自然地区地表之下。它是由几百万年前的海洋生物遗体自然腐败形成的,这就是为什么原油通常被称为“化石燃料”。使石油成为宝贵能源的关键成分是碳氢化合物(烃),碳氢化合物在燃烧时会释放出大量能量。

炼油厂通过蒸馏过程或是用化学方法提炼石油

怎样提炼石油?

有几种方法可以提炼石油。最古老的方法是蒸馏,缓慢加热原油,让不同的碳氢化合物依次蒸发出来,然后收集它们的蒸汽。也有新的化学精制方法,利用化学反应,将一种烃(碳氢化合物)转化为另一种烃。

什么是裂化?

催化裂化是将原油中高温沸腾的重烃类转化为更有用的轻烃类的过程,这些轻烃类包括汽油和其他产物。全世界有数百台这样的设备在数年间连续工作。除了高温和热,还要添加用于打破重烃的催化剂来加快反应速率。这些催化剂通常是固载在沸石中的强酸,特别是八面沸石,一种二氧化硅和氧化铝的混合物。

什么是压裂法?

水力压裂法,也称作压裂法,是一种压裂地下岩层以开采天然气的技术。注入岩石的液体一般是水溶液,但是溶解在水中特别的化学混合物具体是什么,曾经是被严格保守的秘密。利用流体压裂岩层是有百年历史的古老技术,但是这方面的现代技术是由印第安纳油气公司(Stanolind Oil and Gas)的弗洛伊德·法里斯 (Floyd Farris) 和J. B.克拉克 (J. B. Clark) 在20世纪40年代开发出来的。

煤炭是从哪里来的?

煤炭是亿万年前死去树木植物的遗体形成的。死去的植物被深埋在地下,承受着高压。随着时间推移,植物遗体被压缩且发生硬化,最终形成煤炭。目前,还需要非常长的时间才能研究出这种资源的替代物,但是现在人类使用它的速度远远超过了它生成的速度。

如果水力压裂法属于古老的技术,为什么现在反而发展起来了?

作为关键技术的第二次创新,水平钻井使得水力压裂技术在近些年获得了迅猛发展。从技术上讲,任何非垂直方向的钻井都能被称为定向或斜向凿岩。水力压裂法可以在更大的范围内开采天然气, 所以近期引发了这项技术的革新浪潮。

核反应堆怎样产生能量?

核能来自裂变过程中释放的能量,就像本书在"核化学"一章中讲到的。正式投产的核反应堆采用铀-235的受控链式反应。受到中子碰撞后,铀-235自发衰变为两个较轻的原子,并释放出能量。相比化石燃料燃烧反应释放出的能量,裂变过程释放的能量非常巨大。少量铀的使用就能获得大量的能量。事实上,一千克的浓缩铀可以得到等同于八百万升汽油的能量!

从哪里得到铀?

铀的开采主要在哈萨克斯坦、澳大利亚、加拿大、美国、南非、纳米比亚、尼

日尔、巴西和俄罗斯等国进行。铀的开采使用沥滤法,使它在深矿中溶解再抽至表层,并且提取浓缩使用。

污　染

核能的潜在危险是什么?

核能的主要风险是辐射污染对健康造成的危害。这与我们谈论的光和微波(电磁辐射) 不是同一类辐射。与核能有关的辐射是核衰变过程中产生的亚原子粒子,如中子。暴露在这种辐射中会导致癌症或者遗传缺陷等等问题。但是,用来产生能量的核裂变过程易于控制,所以核能量通常是一种清洁能源。核反应堆只有发生崩溃或者其他严重事故时才会引发危险,但出现这些情况的可能性很小。现代核电厂建立了一系列保障措施,在这么多的保障措施防护之下,不可能所有的保障措施同时发生故障。

核电站会产生哪些污染物?

不是很多,除非发生故障。核电站不产生温室气体 (比如二氧化碳),并且每年只产生大约1立方米的废气。只要适当检修维护,核电站是最清洁的能源。

燃煤发电厂产生的污染物有哪些?

燃烧煤炭产生的污染物包括氮氧化物、二氧化硫,还会有汞,会进入大气。引发全球变暖的二氧化碳,也主要由燃煤发电厂产生。除了引发全球变暖,燃煤发电厂产生的许多污染物对人体健康有害,会造成烟雾、烟尘、酸雨。燃烧煤炭产生的固体废弃物也会造成环境污染。燃煤发电厂的灰渣含有5%的污染物或有害物质,比如砷、镉、铬、铅、汞。如果不妥善处理,这些物质会导致水污染,有很多因灰渣处理不当导致水体污染的案例。

哪种能源产生的二氧化碳最多?

到目前为止,石油、天然气、煤炭等化石燃料产生的二氧化碳最多,由它们燃烧反应产生的二氧化碳约占总量的96.5%。

汽车排放的二氧化碳有多少?

根据美国环境保护署(EPA)报告,交通运输业排放的二氧化碳占美国总排放量的33%。个人汽车占交通运输业的60%,也就是个人汽车排放的二氧化碳占美国总排放量的20%。其余的来自其他运输工具,如大型柴油车和飞机。

碳固存是什么?

碳固存和碳捕获是从大气中去除并存储二氧化碳的过程。这与植物吸收二氧化碳并将它们转化为糖或蛋白质的过程非常相似。二氧化碳也能与水和石灰石($CaCO_3$)反应形成碳酸钙[$Ca(HCO_3)_2$],这是自然无机碳固存的例子。碳固存现在通常指人为地从大气中去除二氧化碳,或指在排放前收集二氧化碳(比如发电厂)。有许多方法长期储存二氧化碳,正在使用的或者尝试使用的方法包括将气体输送至地下深处的天然岩层中,通过与碱反应清除废气中的二氧化碳,或者将二氧化碳转化为其他有用的分子以制备聚合物等等。

是什么原因导致雾霾?

雾霾包含由化学反应产生的挥发性有机物和阳光照射下产生的氮氧化物。这些污染物可能有不同来源,但在城市地区大多来自机动车辆。所以交通拥挤并且日晒强烈的地区,雾霾往往更加严重。

这里看到的树木和其他植物，受到酸雨的损害甚至导致死亡。当大气中的水结合化学物质酸化雨水，比如二氧化硫，就会引发酸雨

是什么引发了酸雨？

类似雾霾，酸雨也源自污染物发生的化学反应。比如二氧化硫和氧化亚氮，与空气中的氧气和水发生反应，反应中形成的酸性污染物是导致酸雨形成的原因。除了人类造成的环境污染以外，火山活动也会引起酸雨。酸雨会对自然植物、农作物、动物和海洋生物造成严重危害。它也可能破坏建筑物，当然破坏程度主要取决于建筑物所用的建筑材料。

什么是空气质量指数(AQI)？

空气质量指数 (AQI)，是一个描述空气中颗粒物质含量的数值。这个数值可以在短时间内发生显著变化，所以一个城市的空气质量指数每天至少发布一次。空气质量指数数值越高，越不利于健康。有几种不同的测量方法描述空气质量，具体的计算过程就不再讨论了。当你想要去旅行或是搬迁的时候，空气质量指数是一个需要注意的因素。一些大城市有严重的空气质量问题，看一个城市近期的历史空气质量指数就可以了解这个城市的空气质量如何。

下表是美国空气质量指数对应的健康影响程度以及预警颜色。

空气质量指数(AQI)	影响健康程度	预警颜色
0 ～ 50	良好	绿色
51 ～ 100	中等	黄色
101 ～ 150	不利于敏感人群	橙色
151 ～ 200	不健康	红色

(续表)

空气质量指数(AQI)	影响健康程度	预警颜色
201 ~ 300	非常不健康	紫色
301 ~ 500	危险	褐色

什么是臭氧层,它为什么这么重要?

臭氧的化学式是O_3,它是一种自然存在于地球大气层中的气体。空气中的臭氧大多分布在位于地面上空几千米的位置。这就是臭氧层,具有吸收来自太阳的有害紫外线的作用。臭氧层的损耗意味着会有更多有害的紫外线到达地球表面。臭氧也是一种温室气体,也对地球气候变化起着重要作用。

哪些污染物会破坏臭氧层?

破坏臭氧层的主要是挥发性卤化有机物。这其中最常见的是氯氟烃(CFCs)和氢氯氟烃(HCFCs),几乎所有的空调、冷藏冷却系统中都有使用。另一种是溴甲烷,用于制作农用熏蒸剂。

新　能　源

太阳能电池是如何工作的?

地球表面平均每平方米接收到1 000瓦来自太阳的能量,如果我们能利用这一切,就可以满足全世界的电力需求。然而这不容易实现,所以我们仍然主要依靠其他能源提供电力。太阳能电池,或光伏电池,通过太阳光的光子激发材料中的电子产生能量。使用掺杂技术在太阳能电池中加入电场,使受激发的电子只能向一个方向流动。因此,当阳光照射太阳能电池就会产生电流,这是

太阳能电池获得能量的基本原理，产生的能量可以立即使用或是储存供以后使用。设计更高效的太阳能电池是一个非常活跃的研究课题，太阳能电池的效率将在未来持续增加。

风力涡轮机怎样产生能量？

风可以通过风力涡轮机转化为能量，风力涡轮机通常由一个大叶片连接一系列齿轮。风带动涡轮机叶片旋转，涡轮机收集到的机械能（动能），可以执行机械过程或者转化为电能（势能）。利用风力涡轮机进行的机械过程可以是抽水或研磨。为了发电，涡轮机必须连接可以将叶片的机械能转化为电能的发电机。通常情况下，风速达到每小时7—10英里（11—16千米）才能使风力涡轮机产生能量。风力涡轮机的方向可由计算机控制，以优化能量收集。

碳补偿是什么？

碳补偿是致力于减少温室气体排放，以弥补排放地的一种社会行为。所涉及的气体包括二氧化碳（CO_2）、甲烷（CH_4）、氧化亚氮（N_2O）、六氟化硫（SF_6）、全氟化碳和氢氟烃。换算系数试图将不同气体对大气的负面影响等同换算。碳补偿通常由公司或政府按照有关温室气体排放量的法规进行购买，也可以由希望抵消自己碳排放的个人消费者自愿购买。

光伏电池，或者太阳能电池的材料是单晶硅、多晶硅、碲化镉或铜铟硒这类电子容易受到光子激发产生电流的材料

生物柴油是什么？

生物柴油是一种由植物油或动物脂肪制成的燃料，含有长链烷基酯。生物柴油燃料通常与化石燃料混合配比出售，“B因子”用来表示生物柴油的百分含量。B100是纯

生物柴油,B20是20%的生物柴油混合80%的化石燃料。

生物柴油是怎么产生的?

生物柴油是由油脂 (来自植物油或动物脂肪) 与醇经过酯交换反应生成的烷基酯。虽然也使用其他醇类,但甲醇是这类反应中最常使用的醇类,可以生成甲基酯。甘油是酯交换反应的副产物,实际上这种有机物的生成量相当多 (约为质量的10%) 。这引起研究方向朝着甘油的化学反应发展,使得生物柴油生产过程的成本利用率有所提高。

乙醇作为燃料怎么生产?

通过发酵玉米、大豆、甘蔗等植物中的糖分来生产乙醇。植物原料中的糖分经过分解,再加入酵母发酵,乙醇是这个过程的副产品。

乙醇作为燃料的原理是什么?

乙醇作为燃料与汽油非常相似,在燃烧反应中释放能量。乙醇通常混合汽油供汽车使用。大部分车使用10%乙醇汽油混合物 (E10) ,只有特殊动力系统的车

藻类有可能作为能源吗?

藻类是潜在的生物燃料来源,但是目前使用藻类作为生物燃料来源的成本太高,难以实际应用。目前的研究方向是藻类在产生生物燃料的过程中,会产生一种富含蛋白质的副产品,可以用来作为饲料。这将有助于降低藻类生物燃料的生产成本。因为目前玉米主要用于生产畜牧饲料和生产乙醇,所以这种富含蛋白质的副产物可以减少玉米的使用量,从而降低乙醇的生产成本。

一辆燃料电池概念车正在展出。近年来，燃料电池技术已经开始商业化步骤，不过更多时候它还是用于公共交通工具，比如公交车

可以使用85%乙醇混合物(E85)。乙醇燃烧比汽油更清洁，对环境造成的危害较小。同时乙醇也是一种可再生资源，可以利用农作物生产，所以它可以降低对石油进口的依赖性。

氢气是如何作为燃料的？

在美国，氢气是通过天然气(甲烷)蒸汽转化法制造的，甲烷与蒸汽反应生成氢气(H_2)。为了使氢气成为可行的燃料来源，需要效率更高的大规模生产方法。许多科学家正在研究水裂解过程需要的化学和生物催化剂，水裂解过程可以用水(H_2O)生产氢气(H_2)和氧气(O_2)。水裂解是一种可能使氢气成为汽车燃料具有可行性的技术手段。

氢动力汽车如何获得能量？

氢动力汽车基于燃料电池技术，储存氢气的燃料电池中有聚合物质子交换膜。燃料电池有两个电极：阳极(正极)和阴极(负极)。在阳极，氢分子分解为质子和电子。质子可以通过质子交换膜，而电子无法通过，只能在不同方向流动，这将产生电流从而能为汽车供电。

什么波长的光能从太阳到达地球表面？

从太阳到达地球表面的光的波长大致在300纳米到2 500纳米之间，由于大气中的水和二氧化碳也会吸收一些辐射，所以这不是一个连续分布，有一些间隙。在地球上层大气层中，光的波长的范围较宽，说明在光到达地球表面前，大气层中的气体吸收了大部分的光。

在美国，有多少能量来自水力资源？

在美国，有10%的电力来自水力发电。华盛顿州最为突出，大约87%的电力来自水力发电！

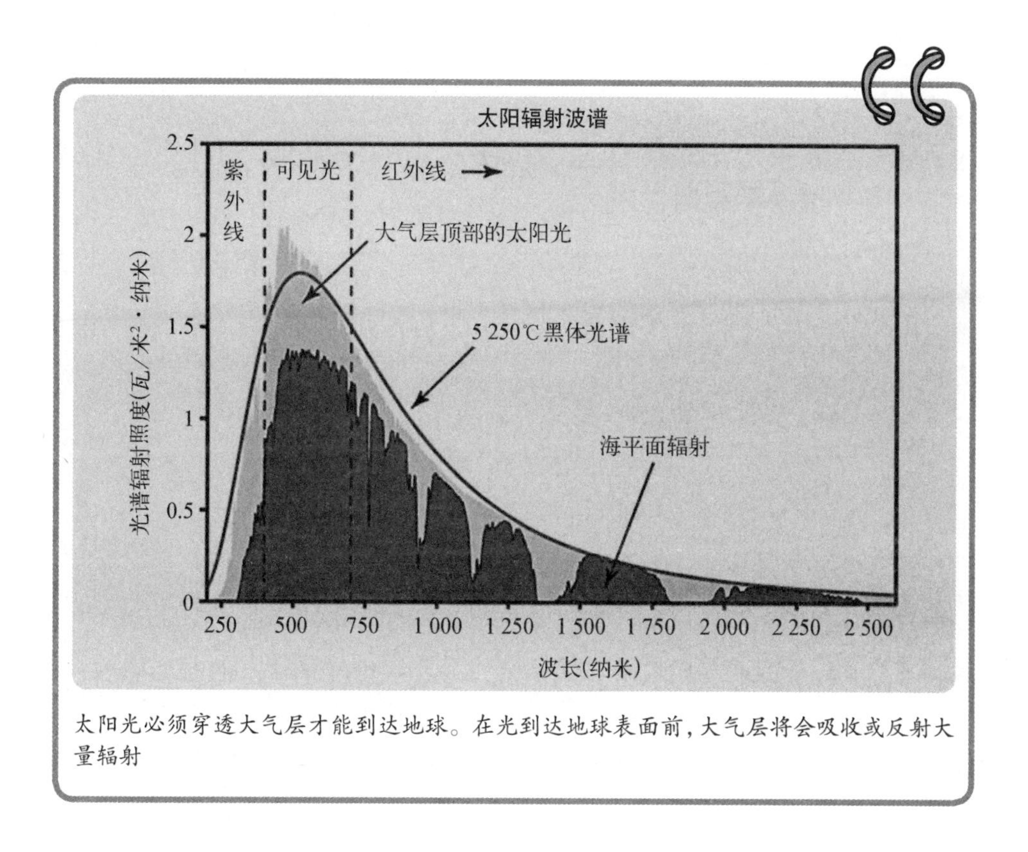

太阳光必须穿透大气层才能到达地球。在光到达地球表面前，大气层将会吸收或反射大量辐射

什么是天然气，它从何而来？

天然气主要由甲烷 (CH_4) 组成，和其他碳氢化合物一样，甲烷通过燃烧反应释放能量。天然气通常在油田附近的地下发现，可以利用管道输送。其实天然气没有气味，但为了让人们及早发现家中燃气泄漏，所以在天然气中混合了少量具有强烈气味的硫醇化合物。

什么是核聚变？它有可能成为一种能源吗？

我们可以在"核化学"一章中了解核聚变。总体来说，就是两个原子核结合为一个原子核。在轻核的条件下，这个过程会释放能量。不幸的是，目前很难在实际条件下使核聚变发生；原子核必须被加速到极高速度，聚变才可能发生。

如果太阳辐射包含了几乎所有的可见光，为什么植物不是黑色的？

让我们先讲讲相关问题。太阳光几乎包含每一种波长的光。绝大多数的植物呈现绿色，因为它们吸收蓝色和红色的光，将绿色的光反射至你的眼睛。如果植物吸收了所有的太阳光， 那它们将会呈现黑色，因为没有光被反射。所以，再来看这个问题，植物到底为什么反射某些光线？

最简单的答案是，吸收红色光和蓝色光的机能足够好，所以进化将这个特性保持下来。毕竟进化并不一定能提供最佳方案，只是提供一个解决方案。尽管如此，让我们猜想一下为什么植物是绿色的。叶绿素不仅能够吸收能量，而且需要特定波长的光将能量传递到光合作用反应的中心。第二个合理的猜想是，过多的能量对植物不利。光的吸收会产生高能物质，如果不使用这些能量，能量将会自发进行一些反应。这些反应会破坏细胞。总之，叶绿素只吸收植物所需的或可以使用的能量。

什么是可再生能源？

可再生能源是不断连续补充的资源供给，在地球可预见的未来中将始终存在。

哪种能源是可再生的？

可再生能源包括风能、水力发电、太阳能、生物质能或生物柴油和地热能。

全球有多少能量来自可再生能源？

据估计，全球16%的能耗来自可再生资源。希望这个数字在不久的将来显著增加。

量 化 功 率

瓦（瓦特）是什么？

瓦（瓦特）是功率的标准单位，表示每秒1焦耳的能量。它以苏格兰工程师詹姆斯·瓦特的名字命名。为了理解这个概念，举个例子，家里灯泡的功率通常是25瓦到100瓦（新型灯泡比这种更节能）。相比，如果做一天的手工劳动，身体的平均输出功率将在75瓦左右。

千瓦小时是什么？

千瓦小时（千瓦时，kW·h）是能量的单位，表示以1千瓦的功率运行1小时所消耗的能量。注意，瓦表示每单位时间能耗的量，也称为功率，而千瓦小时仅仅代表能源的数量。

美国有多少核电站？

目前在美国有65座核电站，共有104个核反应堆。因为其中的36座核电站有两个或两个以上的反应堆。

▶ 世界上有多少核反应堆，又有多少正在建设中？

全世界目前有436个核反应堆。国家（地区）和数量如下表所示。除了美国，其他拥有较多反应堆的国家是法国、俄罗斯、中国、日本和韩国，这些国家至少有20个反应堆目前在运行中。

各国/地区核反应堆数量*

国　家	核反应堆数量	建设中的数量
阿根廷	2	1
亚美尼亚	1	
比利时	7	
巴西	2	1
保加利亚	2	
加拿大	19	
中国	19	29
芬兰	4	1
法国	58	1
德国	9	
匈牙利	4	
印度	20	7
伊朗	1	
日本	50	3
墨西哥	2	
荷兰	1	
巴基斯坦	3	2
罗马尼亚	2	
俄罗斯	33	11
斯洛伐克	4	2

(续表)

国　家	核反应堆数量	建设中的数量
斯洛文尼亚	1	
南非	2	
韩国	23	3
西班牙	8	
瑞典	10	
乌克兰	15	2
阿联酋		1
英国	16	
美国	104	1

*根据2013年11月数据。

一定量的煤炭、石油、天然气能够产生多少能量呢?

一吨煤炭能够产生6 182千瓦时的能量。

一桶石油能够产生1 699千瓦时的能量。

一立方英尺 (0.028 316 8立方米) 的天然气能够产生0.3千瓦时的能量。

天然气、煤炭、太阳能等能源产生能量的成本是多少?

一吨煤的成本是36美元,那么产生每千瓦时能量的成本是0.006美元。

一桶石油的成本是70美元,产生每千瓦时能量的成本是0.05美元。

一立方英尺 (0.028立方米) 的天然气的成本是0.008美元,产生每千瓦时能量的成本是0.03美元。

例如,一个用4千瓦太阳能电池板供能的普通牧场之家,耗资25 000美元,可以持续工作20年。根据系统使用寿命 (受气候影响) 总供能量为120 000千瓦时,平均每千瓦时的成本是0.21美元。

可以看出,目前利用太阳能发电比其他获得能源方式的成本更高。

二 现代化学实验室

净化是必要的

▶ 化学家怎样使化合物纯净?

一些最常用的净化方法是色谱法 (见下面的问题) 、再结晶或萃取法。这些方法通常利用属性的差异 (比如极性) 会与周围材料产生不同相互作用,从而将所需物质与杂质分离。

▶ 色谱法是什么?

色谱法是一种分离化学混合物的方法,基于不同物质在固定相中移动距离不同的化学性质。样品可以在液相或气相中分离。

▶ 气相色谱法与液相色谱法有何不同?

气相色谱法首先要汽化样品,而液相色谱法通常涉及一种混合溶液或悬浮液的分离。气相色谱法中,汽化样品的所有分子具有相同的平均动能,但不同化学物质的分子因其分子量不同而具有不同的平均速度,较重的分子具有较慢的平均速度。这就是气体样品中不同化学成分的分离方法。液体样品中,混合物溶解在溶液中,在固定相中流动,不同化学成分与固定相的相互作用不相同。这些与固定相产生的不同相互作用,会使一些化合物比其他的更快通过色谱柱，这就是液相色谱法的基本原理。

色谱法中的“流动相”是什么?

气相色谱法中汽化的样品或者液相色谱法中用于在固定相中洗脱样品的溶剂就是流动相。

液液萃取在化学实验室中是怎样操作的?

液液萃取是利用化合物在两液相中溶解度的差异，使化合物转移到所需液相中的方法。使用的液体必须互不相溶，意味着它们放置在同一容器中，会形成分离的两层。萃取的目的是使所需的化合物溶解在单独一个液相中，而且它是唯一一种溶解在此液相中的化合物。如果目的达成，将含有化合物的液层分离并除去溶剂，就会得到纯净的化合物。

如何通过结晶纯化化合物?

结晶能作为净化方法，是基于单一的化学物质比化合物的混合物更容易形成晶体的原理。在结晶前先将含有杂质的初始样品溶解在加热的溶剂 (或混合溶剂) 中，在溶剂冷却的过程中使样品再次析出结晶。一旦一个小到我们几乎看不见的结晶体开始形成，此化合物其他相同分子在此晶体基础上继续结晶就会相对容易。其他不同的化合物不能进入这个结晶体中，这使这个结晶最终成为单一的纯净化合物。

多型性是什么?

多型性 (多晶型现象) 是化合物存在不同结晶排列形式的性质。这是由于晶体结构单元的排列形式不同或组成晶体的分子的构象不同引起的。

多晶型会有什么影响?

不同结晶性的多晶型化合物，会有不同的材料性能和物理性能。在医学上，

药物会被制成更容易被人体吸收的晶型，使疗效更好。多型性也会改变材料的基本物理性质，比如导电性和热稳定性。

怎样用蒸馏法分离化合物？

蒸馏是一种利用化合物沸点不同，将其分离的提纯技术。在含有化学混合物的溶液中，加热时沸点最低的化合物会最先蒸发，可以利用一个冷却面收集蒸发出的化合物。这样就可以从混合溶液中分离出一个纯净的液体组分。

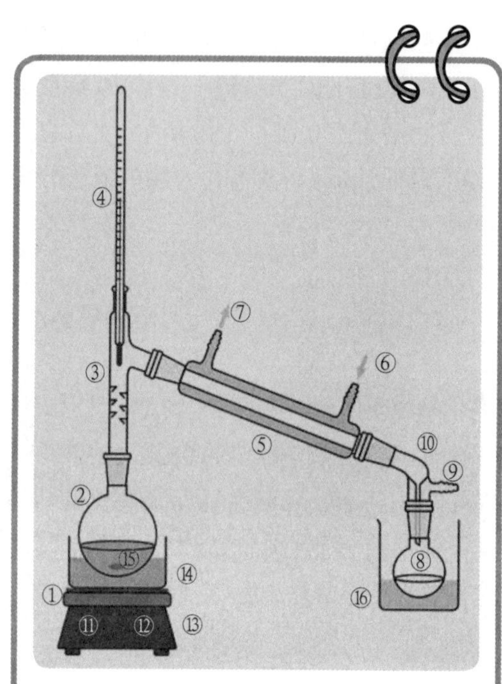

一个简单的蒸馏装置（蒸馏器）利用了这样的原理，即不同的化合物通常具有不同的沸点，可以通过加热将其从溶液中分离出来。在该图中，蒸馏器的组成部分包括：① 热源；② 蒸馏釜；③ 蒸馏器顶盖；④ 温度计/沸点温度；⑤ 冷凝器；⑥ 冷水入口；⑦ 冷水出口；⑧ 蒸馏液收集瓶；⑨ 真空/气体入口；⑩ 蒸馏接收器；⑪ 加热调节；⑫ 搅拌速度调节；⑬ 搅拌器/加热板；⑭ 油浴加热/沙浴加热；⑮ 搅拌棒/防爆沸颗粒；⑯ 冷却槽

每一种化合物都有自己特定的沸点吗？

不是，同时这也造成了蒸馏法的局限性。如果两种化合物的沸点非常相近，那蒸馏法很难将它们分离。

为什么要测量化学样品的熔点？

通过测量化合物的熔点可以验证这个化合物是否纯净，以及是否制备出了所需的化合物。这需要目标化合物的熔点是已知的。如果一个化合物是首次被制造出来的，那测量出这种化合物的熔点对于下一个想要合成它的科学家会非常有用。

什么会影响化合物的熔点和沸点？

分子间力（分子之间的力）会

影响化学物质的熔点。这包括范德华相互作用、偶极相互作用力、氢键作用，还有离子化合物与离子溶液中的离子键或库仑相互作用。固体中的分子间作用力较强，比较难熔化，所以较强的分子间力会使其具有较高的熔点。对于沸点也是一样：较强的分子间力使分子难以分离，导致其具有较高的沸点。

对于固体，分子的形状会影响分子形成有序晶格的能力。有些分子形状能够形成有序晶格，使化合物的固相趋于稳定，会使其具有较高的熔点。分子形状也同样影响化合物的沸点。在液体中，能够形成氢键，氢键供体或受体的位置会影响其成为供体或受体的空间可能性。在有机液体中，范德华相互作用很重要，分子表面面积越大，范德华相互作用力越大，导致液体会有较高的沸点。

光谱学和光谱分析

▶ 红外(IR)光谱测量什么？能从中得出化合物的哪些信息？

红外光谱测量分子对红外光的吸收量，可以从中得出有关分子中功能基团的信息。例如，红外光谱可以分析出联结一对原子的是一对、两对还是三对电子。通过研究红外光谱峰的形状也可以得到物质与周围介质分子间作用力的信息。

▶ 怎样应用质谱分析(MS)？

质谱分析的目的是电离化学样品，使其变成碎片，然后测量离子形式的碎片，获取有关化学样品的信息。第一步就是将化学样品的分子电离，通过去除样品分子中的电子，产生出一个带正电荷的粒子。经过电离，样品的分子会以特有的方式分裂。不论是哪种形式的离子都会被加速，在磁场中偏转。不同质量的离子偏离值不同，这就是区分不同质量离子的方法。

▶ 为什么质谱仪需要真空操作？

离子到达检测器之前，不得碰撞其他原子或分子。如果它们发生碰撞将会

改变方向和动能,这会使检测结果变得不准确或失效。

核磁共振波谱法(NMR)是什么?

核磁共振是一种利用原子核在磁场中吸收和释放辐射后波谱的变化来进行检测的方法。

核磁共振怎样帮助化学家测定化合物的结构?

核磁共振波谱的峰值与分子结构的某些属性有关。出现峰值的次数可以表明出现了多少种化学性质不同的给定元素的原子。一个核磁共振谱图通常只包含单个元素的信息 (关于有机分子,最常见的是氢或碳的核磁共振谱),可以对同一化合物进行多次核磁共振分析。波峰沿x轴的位置为化学位移,这个值与每个原子核周围电子密度有关。在一些核磁共振谱图中,每个峰的强度 (对应y轴的数值) 与给定元素的原子核数量相关。这些只是核磁共振谱表征化学结构的最基本知识,如果你深入学习,就能知道更多核磁共振谱所表征的化学结构的特点。

什么时候人类发明了核磁共振?

核磁共振波谱图的第一次记录是在1945年,由两个不同的研究小组 (一个在斯坦福,一个在哈佛) 独立完成。这两个小组分别由弗利克斯·布洛赫 (Felix Bloch,斯坦福) 和爱德华·珀塞尔 (Edward Purcell,哈佛) 带领,这项创新让他们分享了1952年的诺贝尔物理学奖。

为什么核磁共振仪要用到大磁铁?

使用大磁铁是为了在核磁共振仪中建立一个强力、均匀的磁场。这会产生原子核顺磁旋转和反磁旋转的能量差。核磁共振正是用于测量一个给定原子核周围电子密度的能量差，这种能量差也与分子特性有关。

质子核磁共振波谱分析的第一种化合物是什么？

质子核磁共振波谱分析的第一种记录在案的化合物是乙醇，依据化学位移区分了分子中不同原子核的位移。

什么决定某种特定的原子是否可以用核磁共振波谱法检测？

与电子类似，原子会有纯粹的自旋，或者说自旋角动量。核磁共振波谱法可以用来研究任何具有非零角动量的原子核。常见的使用核磁共振进行研究的原子核有 ^{1}H，^{2}H（氘），^{13}C，^{11}B，^{15}N，^{19}F 和 ^{31}P。

只有少数主族元素能够被核磁共振检测到吗？

上一段列出的原子核只是最常见的通过核磁共振检测的几种。其他元素也可以，只是有时需要使用特殊硬件来获得有用的信号电平。其他一些可以用核磁共振研究的原子核是 ^{17}O，^{29}Si，^{33}S，^{77}Se，^{89}Y，^{103}Rh，^{117}Sn，^{119}Sn，^{125}Te，^{195}Pt，^{111}Cd，^{113}Cd，^{129}Xe，^{199}Hg，^{203}Tl，^{205}Tl 和 ^{207}Pb。

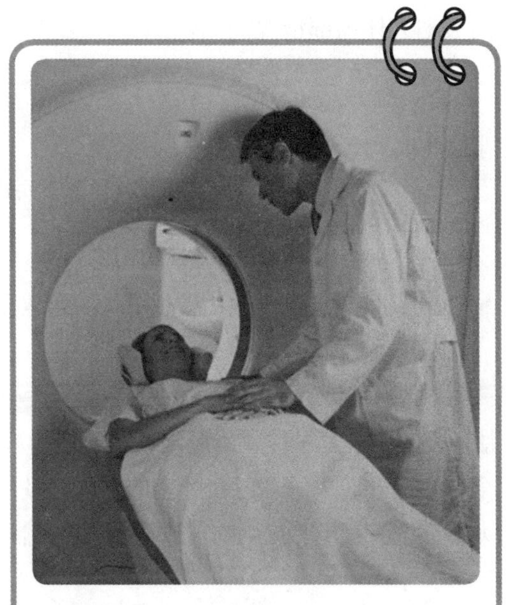

磁共振成像仪使用磁场对病人的身体进行无创性检查。磁共振成像在诊断很多病症时非常有用，比如癌症、中风、韧带撕裂等

核磁共振与磁共振成像一样吗？

磁共振成像（MRI）和核磁共振（NMR）基于同样的原理。核磁共振是用来研究化学和物理问题的，而磁共振成像的目的是生成生

物细胞图像。成像的原理和核磁共振谱图有些相似，不过磁共振成像的外加磁场有梯度，待成像物（通常是生物体组织）的不同部位磁场强度不同。使用微波辐射照射人体组织切片细胞，通过改变磁场梯度，可以得到不同组织切片的磁共振图像，然后分析这些图像，就可以了解人体内部出现了什么问题。

第一台磁共振成像仪是谁制造的？

雷蒙德·达马迪安医生（Dr. Raymond Damadian），曾接受过正式的医师培训，领导建成了第一台磁共振成像仪，并在1977年第一次进行人体成像。

磁共振成像技术中，测量的到底是什么？

磁共振成像其实仅对人体组织中氢原子进行核磁共振测量。类似于核磁共振仪，磁共振成像仪使用大型磁铁和射频脉冲为人体中的氢原子产生一个旋转静磁场。由此产生的磁化可以在接收器中产生电流，磁共振仪根据电流信号绘出表明人体内部情况的图像。

其他测量

机场使用的新型扫描仪工作原理是什么？

机场主要使用两种扫描仪：一种使用无线电波形成三维图像，可以透视藏在衣服下的物品；另一种利用低强度X射线形成二维图像。这些技术都通过计量被一个物体反射回来的辐射而产生的图像。使用这些仪器想要寻找到的，与一名安保人员在搜身时想要找到的东西差不多：武器、炸弹或其他人试图隐藏的任何东西。

化学家如何使用X射线衍射？

化学家使用X射线晶体学来确定化合物的精确结构。X射线遇到固体化合物晶体发生衍射，产生一种复杂的衍射图。利用计算机软件分析衍射图，可以得出组成该化合物晶体的单个分子的结构。这是一种强大的技术，但是只能用于可结晶化合物。应该指出的是，化合物的固相结构并不总是与液相结构相同，所以应当谨慎考虑液相化合物的结构与化学性质之间的联系。

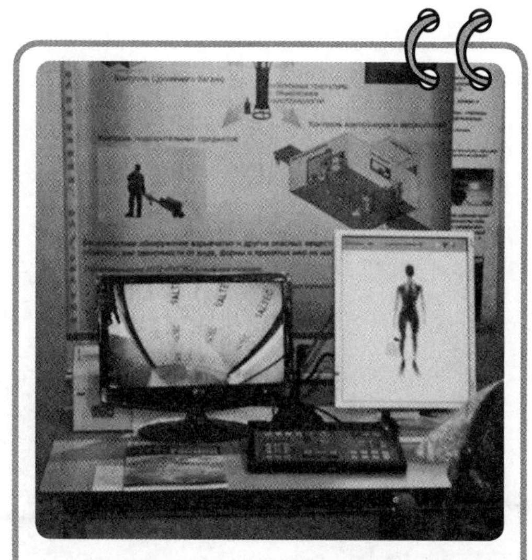

机场的X射线扫描仪和无线电波辐射扫描仪都可以透视衣服下的物品。它们的辐射量非常低，对人体无害

如何测量溶液的导电率？

导电率描述传导电流的能力。测量溶液导电率的方法有多种，最容易理解的是安培法。此法只需在两个电极之间施加电压，然后测量电流大小。虽然这种方法便于描述，但是操作比较困难，并且结果有时不是很准确。另一种测量导电率的方法是使用两对线圈的电位法。外侧放两个线圈，施加一个交变电压，这将在溶液中产生电流回路；同时内侧也摆放两个线圈，之后测量两对线圈之间电压的变化。电压的变化直接与外侧线圈引起的回路电流大小相关，而这又直接与溶液的导电率相关。还有其他测量方法，不过这两种最易于理解和描述。

为什么化学家们需要测量导电率？

导电率最实用的应用就是判定水样的质量。测量导电率可以获得水样中总溶解固体的量。这个数据随着环境不同有多种使用途径，但总体来说，它说明了水的纯度。化学家有时将其运用在离子色谱中，这是一种液相色谱 (LC) 。离子色谱通常使用探测器连续测量，用来探测不同的侦测物通过此仪器时导电率的变化。

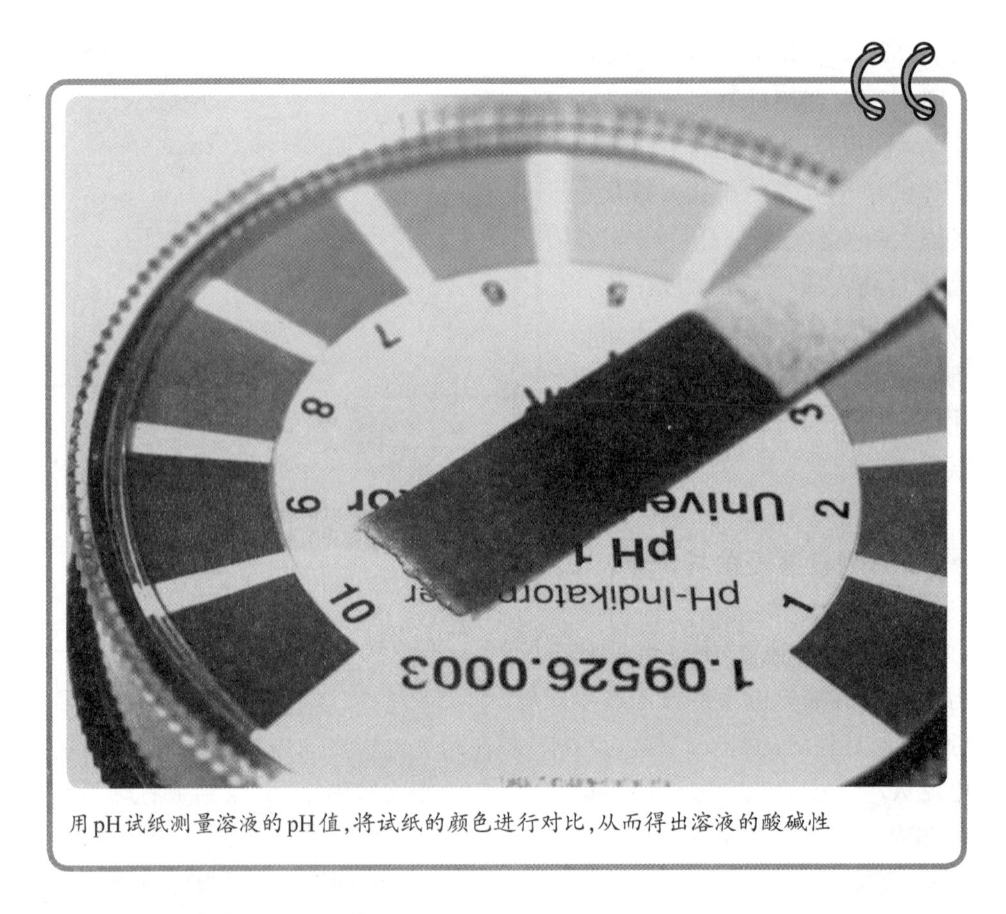

用pH试纸测量溶液的pH值，将试纸的颜色进行对比，从而得出溶液的酸碱性

如何测量溶液的pH值？

理科学生最先学到的测量溶液pH的方法是使用pH试纸。这是一个非常简单的测量方法，只需在试纸上滴一滴溶液，然后观察颜色。作为一种化学指标，试纸颜色会随着pH值的变化而变化。这是因为，吸收光谱会随着pH值的变化而变化。另一种测量pH值的方法是用pH敏感电极。这种方法可以更精确地测量pH值，因为这种仪器以数值形式输出pH值，不会依赖于人对颜色的视觉观察结果。

离心机是什么？

离心机是一种将混合物快速旋转，之后分离混合物成分的机器。快速旋转产生一种力，使得混合物中密度大的成分下沉至离心管底部，密度小的成分上升至离心管顶部。

化学实验室中，离心机的用途是什么？

化学实验室中，离心机常用于分离悬浮液。悬浮液是一种非均匀混合物，有微小的固体颗粒悬浮在液体中。在生物化学和生物学实验室中，悬浮液的使用数量远远高过纯净的化学合成物。离心机通常用于分离均质细胞物质的内容物，比如提取出蛋白质或是细胞器。离心机也用于分隔反应物来控制反应速率：离心机可以将溶液中的酶与基质分离，可以中断或显著减慢正在进行的反应。在某些情况下，离心机还可以用迫使离心管底部反应物聚集的方法，来加快反应速度。

核电站的离心机有什么用途？

离心机可以浓缩铀供核电站使用。铀的两种主要同位素是铀-238和铀-235，其中铀-235发生裂变反应产生核能。但是，天然铀中99%是铀-238，需

离心机通过高速旋转来分离溶液中的成分，密度大的成分会沉在离心管的底部

要经过复杂的工艺提升铀-235的丰度。离心机常常用于铀-235的同位素富集。这是在旋转的离心管中完成的，在这个过程中，较重的同位素铀-238向下沉，使得在离心管顶部可以收集到大部分铀-235 (气相) 。加热离心管底部可以促进这个过程，有助于铀-235向离心管顶部移动。这个过程通常要重复很多次，直至铀-235的丰度达到期望值。高浓缩铀通常含有85%的铀-235，同位素富集技术已经相当成熟。

安 全 第 一

化学实验室通常会使用哪些安全措施?

化学家在实验室工作时，通常会戴上护目镜保护眼睛，穿上实验服保护皮肤和衣服，还会戴上手套保护手部。很多情况下还会使用其他专业的保护装置。

强酸和强碱为什么很危险?

强酸是一种强氧化剂，比如硝酸，会使皮肤严重烧伤。强碱，比如氢氧化钠，也会导致灼伤及神经损伤。强酸和强碱会破坏细胞膜、蛋白质和其他细胞的组成部分。它们对人的眼睛来说也是非常危险的，会永久损伤视力。

为什么化学家会将“酸加入水中”而不是“水加入酸中”？

这涉及安全操作的问题。当酸遇到水，会剧烈反应。这个反应会释放大量的热，使溶液沸腾或飞溅。确保“酸入水中”非常重要，酸溶液比纯水的密度大，反应的时候酸溶液会沉到水底。如果将水倒入酸中，水会与酸在溶液表面反应，沸腾或飞溅出的溶液极可能会让人受伤。

什么是手套箱，它有什么用？

手套箱是在惰性气体环境下进行化学反应的一种方法。它通常由一个将内部空气移除替换为惰性气体的大箱子组成。箱子的一面是明亮的硬透明塑料，具有大橡皮手套覆盖的开口，研究人员可以将手臂伸进去。这样使得研究人员可以在手套箱的惰性气体环境中操作实验物品，不会混入任何空气。箱体的另一边是过渡室，可以把实验物品放进或拿出手套箱。虽然在手套箱中操作实验物品比在箱外操作较为不易，但是手套箱提供了最简便的隔绝空气进行实验的方法。

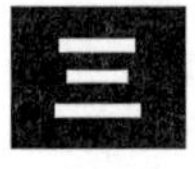

我们身边的世界

本章节的大部分问题都是由美国在校大学生提出的，感谢他们提供了这么多有趣的问题！如果你也有和化学相关的问题，欢迎你和我们联系。

医学和药物

▶ 伟哥（Viagra®）是怎么起效的？

伟哥（西地那非）能够对人体勃起组织中的一种酶产生作用。这种酶会使环状鸟苷单磷酸（cGMP）分子分解。伟哥可以减缓这种酶的作用，允许cGMP堆积。cGMP能够使肌肉中的血管扩张或者扩大，而更多的血液在血管中意味着强力的勃起。

伟哥（Viagra®，西地那非）

多动症药物的工作原理是什么？

利他林 (Ritalin®，哌甲酯) 是最常见的用于治疗多动症 (注意力不集中综合征) 的药物。利他林是一种兴奋剂，它能提高大脑多巴胺 ——一种能够帮助你集中注意力的物质的水平。正常水平下，人的大脑会释放出多巴胺来传递兴奋的感觉，并且提高神经元反应的速度。

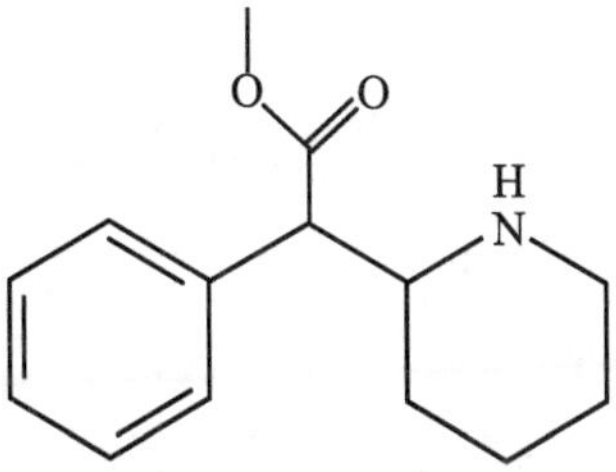

利他林 (Ritalin®，哌甲酯)

止痛药是怎么找到身体的疼痛部位的？

或者换一种提问方式——为什么当你吃了止痛药的时候，你不会出现全身麻木的状况？我们把问题集中到非类固醇类药物上，比如布洛芬 (Ibuprofen)。布洛芬以及其他类似的药物的作用原理，是通过中断身体疼痛部位向大脑传输的信号来止痛。环氧化酶 (COX酶族) 在中间环节起到了很重要的作用。这是由于COX酶族能够传递和转换身体的疼痛信号。在有COX酶族传递信号的前提下，当疼痛出现时，布洛芬才会有效果——也就是说止痛的前提是首先必须存在一个疼痛信号。这就清楚地解释了为什么吃了布洛芬，你并不会出现全身麻木的情况。

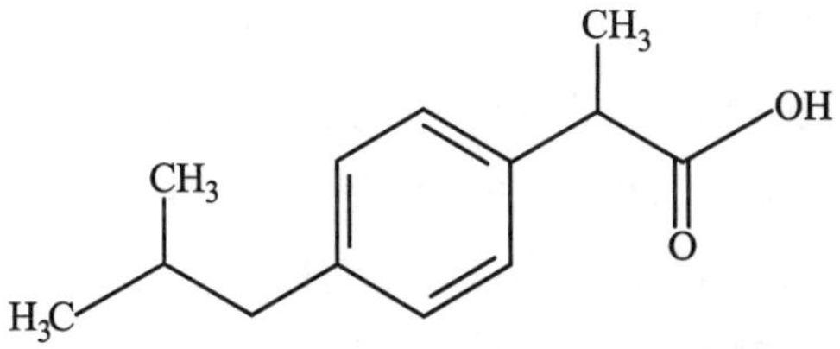

布洛芬 (Ibuprofen)

对乙酰氨基酚和布洛芬的区别是什么?

对乙酰氨基酚和布洛芬的结构完全不同,但作用机制是相似的。这两种止痛药都是通过影响COX酶族来起作用。布洛芬能够更广泛地与COX酶族中的酶反应,这使它成为一种很好的止痛药和消炎药。对乙酰氨基酚主要是和COX酶族中的某种酶类(COX-2)结合,所以它仅仅是一种基本止痛药。

对乙酰氨基酚(扑热息痛)

为什么一些处方药会有特殊的颜色,或者是被装进胶囊里呢?

这其中并没有化学原因。通常药片染色是基于建立品牌特定的目的,例如人们很容易记住水杨酸铋是粉色、伟哥是蓝色、欣百达是绿色。这能够帮助人们识别药物,以及记住该吃哪种药。

感冒药是怎么起作用的?

很不幸,迄今为止医生和科学家还没有找到治愈一般感冒的方法!当你的身体正在和感冒病毒斗争时,感冒药的作用其实只是减轻感冒症状。像你在药店买的感冒药,是靠抗组胺药、止痛药和减充血药的作用来减轻症状。它们一一对应解决了所有与感冒有关的典型症状:流鼻涕、嗓子哑、打喷嚏和眼睛干痒。其他感冒药则是通过提高免疫力来帮助你的身体抵抗感冒。这些药通常含有维生素C、锌补充剂以及紫锥菊。然而当你使用非处方药时,你就不能指望它能给你带来即时缓解症状的药效。

什么是紫锥菊？

紫锥菊是一种花，雏菊科，有时也称之为锥花。这类花中不同的成员用于草药，可以增进人体的免疫功能。但是，科学研究显示紫锥菊的作用是有差异的：一部分人使用紫锥菊明显起到预防感冒、减轻感冒症状等作用，但另一部分人使用则完全没有效果。

医生抽血主要分析什么？

有多种血液检测可选，这主要取决于你的病情以及医生想要得到什么信息。这些包括血液生化检验、检验血液中的酶、测试血液的凝固能力、评估心脏疾病的风险，以及全血细胞计数等。全血细胞计数可以检测很多疾病以及免疫系统紊乱，它包括测量红细胞、白细胞、血小板（促进凝血的血细胞片）、血红蛋白（携带氧气的蛋白质）的数量，以及血细胞比容（血细胞在全血中占的容积）和平均红细胞体积（红细胞大小的尺寸）。

血液生化检验提供了你的肌肉、骨骼和器官的健康信息。检验报告了血糖、钙和电解质的水平。它也能检验你的肾脏功能。这种检验通常要求空腹，也就是在检验前一定时间内不能吃任何东西，这样医生才能准确测量你的血液生化指标，而不至于因为你刚才吃下去的东西严重影响检验结果。

验血来评估心脏病主要是通过测量你的胆固醇水平，通常包括低密度脂蛋白（LDLs，常被称为“坏”胆固醇）、高密度脂蛋白（HDLs，常被称为“好”胆固醇）以及甘油三酯（一种脂肪）的指数。这种检验通常也会要求你在抽血前半天不能进食，因为你的胆固醇水平很容易受到进食的影响。

当然仅仅验血不能直接诊断疾病，它只能提供你所得疾病的部分症状，还必须得和医生以及其他的检验结果结合在一起才能进行最后确诊。

尿检通常化验的化学元素有什么？

和验血一样，有几种分析物能通过尿液检验：pH值、密度、蛋白质、葡萄糖、酮体、白细胞、血液，以及人体绒毛膜促性腺激素（它用于指示是否怀孕）。

尿检结果能够表明一个人是否健康。比如一个人若是健康的，那么尿的密

度较低。尿液中有蛋白质的存在是不常见的现象，这可能表明被检验者的肾脏不好。同样，葡萄糖和酮体也不应该出现在尿液里，否则有可能是患有糖尿病。

冷天气真的会引发感冒吗？

事实上不是这样！感冒是由病毒引起的，它进入你的身体引发感冒症状。得感冒和寒冷的天气没有（直接的）联系。只有一个原因让感冒看上去更容易在天冷的时候传播，就是人们在室内太久，彼此更加接近，导致病毒很容易在人群中传播。

为什么喝酒会让人头晕？

酒精，术语“乙醇（CH_3CH_2OH）”，是一种温和的镇静剂，它会影响你的中枢神经。这种特殊的生物作用很复杂——酒精能使一些系统兴奋，也能抑制其他一些系统。这个综合的作用解释了为什么当喝酒后你的肌肉无力，但是你却很兴奋。有时候似乎酒精降低了你的自制力，但是一些实验证明这仅仅属于心理因素而不是化学因素。

指关节发出噼啪声会导致关节炎吗？

一般不会。在你关节处有着一种叫作滑液的液体，它起到润滑剂的作用。当你的指关节产生裂缝，滑液填充了更多的空间，这导致你的指关节产生噼啪声。当你的免疫系统开始损伤你的关节时，你就患上了关节炎。当然如果指关节发出噼啪声的次数过多也有可能会导致其他的关节疾病，而不仅仅是关节炎。

肝脏如何分解酒精？

肝脏有一种酶叫作醇脱氢酶，它负责乙醇的代谢。醇脱氢酶将乙醇转化为另一种分子，名为乙醛，然后排出体外。一个健康的肝脏每小时可以分解半盎司（约为15毫升）的纯乙醇，相当于每小时分解一扎啤酒，或者一杯葡萄酒，又或者是一盎司（约为30毫升）白酒。

如何从化学的角度来解释宿醉的原因？

宿醉是体内乙醛累积过多所致。这种醛类是乙醇氧化后得到的，当然，乙醇是你通过喝“酒”摄入的。乙醛是一种中间产物，它是你前一天晚上饮酒后在分解酒精的过程中所产生的。一种名为乙醛脱氢酶的酶类，它能进一步氧化乙醛变成乙酸。

当然也有其他因素导致你饮酒后第二天早上非常难受。你的肝脏由于处理太多的毒素负担太重，因此人们认为蒸馏酒精（减少酒精中乙醇分子含量）可以减少宿醉。

咖啡能帮你快速醒酒，这是真的吗？

这不是真的。你身体内的酒精（乙醇）导致你酒醉，你身体中酒精含量的下降只能依赖于你的肝脏代谢。咖啡因不能加速你的肝脏代谢，事实上咖啡不能帮你醒酒。它可能使你变得清醒或者警觉，但是你仍然处于醉酒的状态。

水母蜇过的地方用尿液冲洗有用吗？

你小时候可能听说过这种说法，这更像是长辈们的生活经验。被水母蜇伤时，一般会建议用盐水清洗。盐水能够有效地清除皮肤上水母的毒液。相反，淡水则可能与毒素反应引起更剧烈的疼痛。

吃巧克力或者油炸食品会引起粉刺吗？

不会。粉刺是人皮肤中的皮脂腺过度分泌皮脂所引起的，而身体分泌皮脂是为了保持皮肤润滑。如果死皮细胞附近存在过多分泌的皮脂，毛孔会被堵塞，皮肤就会受到刺激，然后长出痘痘。导致皮脂分泌过多的原因并不确定，因此不

能草率地认定就是巧克力和油炸食品的错。

有传言说吃巧克力会引起粉刺。事实上青春痘是皮脂分泌过剩所致，但是为什么分泌过剩人们却不得而知

是什么导致头屑的产生？

你可能听说过，头屑并不是因为皮肤干燥而引起的，而是由于某种真菌或者酵母所引发的。头屑确实会导致人头顶的皮肤片状鳞屑的脱落，但头屑产生的真正原因是酵母类生物与天然皮脂腺之间的相互作用。不幸的是头屑过多不能被治愈，但是可以通过使用含有吡啶硫酮锌、二硫化硒、煤焦油或者酮康唑的洗发水洗头来控制。为了使这类洗发水更加有效地去屑，通常使用时要在头上让洗发水保留几分钟再被冲洗掉。事实上，头屑不光出现在头上，在眉毛、胡子、耳朵、鼻子上也会有头屑。

佩戴铜手镯能减缓关节炎的症状吗？

关节炎是一个人关节处软骨退化所引起的，且退化的速度比修复的速度要快。铜手镯销售理念是卖给可能因为身体缺铜导致关节疼痛的消费者，这意味着铜可以从手镯通过皮肤进入人体中，从而补充铜元素。事实上，缺铜的人很少，人们可以从日常食物中摄入大量的铜，很少有人需要额外补充铜。没有人证明铜能通过皮肤被人体吸收，也没人证明带铜手镯能治疗关节炎的症状。

此外，过多摄入铜会导致中毒。因此，如果铜能通过皮肤被人体吸收，那么必须严格控制其吸收量。值得一提的是，迄今为止还没有发现因为佩戴铜手镯而导致铜中毒的案例。

▶ 多吃胡萝卜对视力有好处吗?

吃胡萝卜对视力好，是真的！胡萝卜和其他颜色鲜艳的蔬菜往往含有大量的维生素A。维生素A有助于维持视网膜健康与正常运作，因为维生素A是视网膜中感受弱光的视紫红质的组成成分。缺乏维生素A会导致夜盲。

巧克力会引起痤疮是假的，但胡萝卜的确对视力有好处，胡萝卜含有大量的维生素A，对视网膜健康大有益处

▶ 菠菜是很好的铁的膳食来源吗?

菠菜和很多其他绿色蔬菜提供相同的膳食营养。然而，菠菜中含有草酸，会阻碍铁的吸收。因此，菠菜作为铁的来源其实比其他食物的效果差。有这样一个趣闻：最初报告中菠菜的铁含量是实际含量的十倍，是因为研究人员点错了小数点。菠菜中含有大量的抗氧化剂和维生素，所以我们不建议停止食用菠菜。如果你听说菠菜有非常好的补铁效果，那你可能被误导了，旧有说法中菠菜的含铁量远远超过实际情况。

▶ 如果你接触到患有毒葛皮炎的人，会感染毒葛皮炎吗?

毒葛皮炎是由一种称为漆酚的油质引起的，这种油质是在毒葛植物的叶子中发现的。毒葛皮炎发病的唯一途径是接触这种油质。因此，如果一个毒葛皮炎患者的皮肤上仍然粘有这种植物的油质，就有传染他人的可能。大多数情况下，油质被冲洗干净后，皮疹才开始发作。要知道，毒葛皮炎患者皮肤上的水疱自身并不具备传染性。

食品中的化学成分

▶ 为什么健怡可乐中加入曼妥斯糖会发生起泡现象?

在健怡可乐和所有苏打水中,都含有大量的二氧化碳分子。通常二氧化碳从苏打水中缓慢地释放出来,平静地产生气泡。但是如果把加快气体释放的催化剂放入一瓶健怡可乐中呢? 这就是加入曼妥斯糖的情况了。溶解的气体需要一个表面来形成气泡,而曼妥斯糖是一种多孔材质,提供了大量的此类表面。所以在健怡可乐中加入一块曼妥斯糖,会同时形成很多很多二氧化碳气泡,从而导致糖类物质的喷发。

▶ 锻炼之后喝巧克力牛奶有好处吗?

是的! 牛奶含有大量蛋白质,大约每杯含8到11克。通常建议在锻炼之后摄取15到25克蛋白质,所以喝两到三杯巧克力牛奶就可以提供这些蛋白质。与普通牛奶相比,巧克力牛奶的糖含量约为两倍,能更好地缓解肌肉的酸痛与疲劳。当然,这也有助于补充锻炼中消耗的水分。此外,牛奶还能补充其他营养物质,比如维生素D和钙。

▶ 为什么水和油不能混合呢?

最简单的回答是高中所学过的“溶解原理”。水是极性分子,更倾向于与其他极性分子相互作用。油是某种类型的烃,没有极性基团,与其他非极性分子产生弱范德华相互作用。这只是一部分原因,实际情况是非常复杂的。起主导作用的是由氢键相互作用而产生的水相的稳定性。当一个碳氢化合物的分子在水中溶解,一些氢键肯定会断裂。这些氢键断裂需要能量。当水和油不混合时,这些氢键强过混合相所能增加的熵,所以水分子粘在一起,仍然与油分离。

▶ 不小心吞下了口香糖会怎么样？

你小的时候，你的父母或老师可能告诉过你（至少我们小的时候是这样）不要把口香糖吞下去，因为它要好几年才会被消化掉。事实上，人的身体可以很好地消化香料成分、糖和甜味剂，软化口香糖的胶体；只是不能消化口香糖的胶基。不过，不能消化不代表会留在肚子里好几年。胶基会在短短几天内通过我们的消化系统被排泄出去。但是，请不要尝试一下吞下许多口香糖，它们会在人体中卡住并引发各种问题。

▶ 新鲜鸡蛋会沉在水中，坏的会浮起来，是真的吗？为什么？

是的。随着鸡蛋慢慢变坏，蛋白质和其他化学物质会分解并释放出挥发性分子，如二氧化碳。鸡蛋壳上有些微小的孔，这些气体可以漏出，所以鸡蛋的质量会减少。鸡蛋的体积没有改变（只要不打破它），鸡蛋的密度随着存放时间降低，最终变得比水的密度低。能浮起来的鸡蛋，是刚变质还是变质几周了，我们无法给出答案。不过你的鼻子可以闻到很难闻的气味，这样就不用担心吃到臭鸡蛋了！

▶ 为什么妈妈说水中放盐可以更快烧开？

这是传承下来的生活经验。当在水中加盐的时候，会改变两件事。第一，沸点会变高。第二，热容量减少了，也就是提高温度所需要的能量减少了。你可能会认为这样能更快地将锅里水烧开，那么多加些盐效果会更加显著。那我们做饭为什么要加盐？当然是为了更好吃，加适当的盐量就好。

▶ 放很久再吃，巧克力为什么会变白呢？

巧克力商人把这称为起霜巧克力，用一种梦幻又吸引人的方式描述了旧的万圣节糖果上面白色的东西。这其中发生了两个过程：糖起霜或者脂肪起霜。糖起霜就是糖结晶，如果巧克力糖果暴露在水分中，糖分子会从可可脂中溶解出

来，一旦水分蒸发，分离的糖就会结晶。如果巧克力糖果处于干燥环境，但却经历了快速的温度变化或是放在热的地方，这种白霜就可能是分离出的可可脂的脂肪。无论哪种情况，糖果依然可以放心食用。

芦笋中有很多含硫氨基酸，当你吃过这种蔬菜之后小便，尿液中会有硫的气味

为什么芦笋会使小便气味变奇怪？

吃过芦笋后小便时闻到的气味最有可能是硫醚（过去的一百年中，真的有文献讨论过这个问题）。它的结构是一个硫原子联结两个碳取代基。芦笋中含硫氨基酸的含量非常高。人体会把这些含硫氨基酸分解为具有臭鸡蛋味或者其他难闻气味的化学物质。

防腐剂有什么用处？

防腐剂可以保持食物新鲜，减缓霉菌和细菌的生长（抗菌防腐剂），防止氧化（抗氧化剂），或在水果蔬菜被采摘后，降低酶的活性以延续成熟过程。

人工香料和天然香料的区别是什么？

区别一个分子是人工合成的还是天然的，是一个法律定义，而不是化学或生物定义。如果一个香兰素分子是在实验室中萃取特定的植物种子荚获得的，就被称为“天然香草”。如果同样的香兰素分子由木质素制成，木质素是木材中发现的天然物质，那这个香兰素分子就被称为“人造香草”。不同的是，木质素转化为香兰素所用的化学步骤不在法律定义的“天然”范畴内。显然，“天然”

和“人造”的分子是完全一样的化学物质(相同的原子、相同的键、相同的结构等等),但是生产过程中是否有其他化学物质参与就成为天然产物和人工产物的区别。

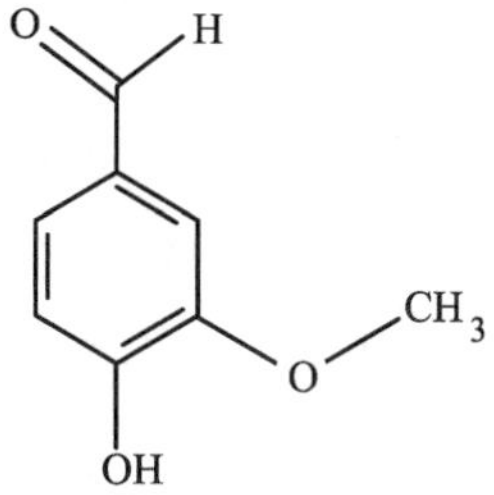

香兰素

天然香草值更高的价格吗?

贵的原因并不仅仅因为“天然”。当墨西哥兰花梵尼兰的豆荚被收集后,会经过一系列的固化和老化处理。这些步骤开发的不仅仅是香兰素,还有其他的香味分子。香兰素只是天然香草的主要香味成分,“天然香草”中还有其他数百种芳香的化学成分。所以当你购买天然香草和人造香草时,买到的其实是不同的东西。

牛奶为什么会变酸?

牛奶,甚至是经过巴氏灭菌的牛奶,依然会含有成为乳酸菌(lactobacillus)的细菌。这个词的第一个字,“乳(lacto)”,指的是这些细菌所吃的糖——乳糖(lactose)。这些细菌发酵乳糖时,会分泌乳酸。乳酸会使牛奶味道变酸并凝结。

其实并不是只有乳酸才能使牛奶凝结;任何酸都可以。试着在一杯牛奶中加入柠檬汁或者醋,牛奶一样会开始凝结。

乳酸菌有害吗?

实际上,乳酸菌用于许多食品的生产过程,例如奶酪、酸奶、面包、泡菜,还

有葡萄酒和啤酒。还有，消化道中的活性乳酸菌菌株有益于身体健康。所以，适当数量的乳酸菌对人体无害。

为什么乳糖不耐受的人不能吃乳制品？

大多数乳制品中都含有乳糖，这是一种糖类。具体来说，乳糖是二糖的一种，由一分子葡萄糖和一分子半乳糖缩合而成。乳糖酶是一种酶，可以打破葡萄糖分子与半乳糖分子形成二糖的化学键。乳糖不耐受的人缺乏乳糖酶，所以他们不能消化乳糖分子。

所有哺乳动物在出生时都能消化乳糖，但对于成年哺乳动物来说，能够继续吸收乳品中的糖是非常罕见的。最近的研究表明，人类是在开始驯养动物时期才开始获得这种能力的。这可能是人类进化过程中关于进化的最新发现的实例了。

吃火鸡会使人昏昏欲睡吗？

你可能听说过火鸡含有大量的色氨酸，会使人昏昏欲睡。火鸡肉的确含有色氨酸，但并不比其他大部分肉类的含量高。色氨酸的确被用来制造血清素(5-羟色胺)，一种会使人昏昏欲睡的神经递质。把这几点（“感恩节后我很困”和“血清素使人昏昏欲睡”）直接联系起来并不妥，因为火鸡中还有很多其他氨基酸。氨基酸要进入大脑，就需要使用转运蛋白穿过生物膜。色氨酸要与其他人们塞进肚的氨基酸竞争，这些转运蛋白分子才能进入大脑。

那为什么感恩节晚餐之后会昏昏欲睡呢？不是因为火鸡，而是因为过多的碳水化合物。碳水化合物，或者说糖类，导致胰腺分泌胰岛素。胰岛素帮助身体应对你所摄取的大量的糖与氨基酸，但有趣的是，它对色氨酸不产生效果。所以其他的氨基酸被带出血液，但色胺酸可以自由地运用转运蛋白进入大脑，导致你昏昏欲睡。

河豚为什么有毒?

河豚有毒是因为含有河豚毒素。这种毒素分子与神经细胞中的钠离子通道结合,阻断神经系统中所有通信。这种毒素不受烹调影响,所以只有非常熟练的厨师才能清理这种危险的鱼,要避开含有河豚毒素的部分(河豚的肝脏、卵巢和鱼皮中,毒素含量非常高)。

如果不是由训练有素的厨师进行正确的处理,河豚毒素将会释放进入整条鱼体内

跳跳糖为什么会跳?

跳跳糖是类似碳酸饮料的碳酸糖果。嘴巴里持续的嘶嘶声是由于二氧化碳气泡正从糖果中逸出。制作这种有趣的糖果的过程是,把原料加热,放置在高压二氧化碳中,冷却后二氧化碳就留在糖果里了。

什么是味精? 吃味精真的不好吗?

味精是谷氨酸一钠。这是一种自然存在的非必需氨基酸。食品制造商把味精作为鲜味增强剂使用,味精本身也具有"鲜味"。在无数有关味精的食用安全的研究中,实验数据压倒性地证明,食用味精甚至是超大量地食用味精也无大碍。不过不要去尝试这样做,任何事适度就好。

HO O O $O^- Na^+$ NH_2

爆米花为什么会爆?

爆米花谷粒的外层是坚硬、耐湿的糖衣,保护着里面的淀粉和水分。随着加热谷粒,谷粒内部的淀粉变软,水变成水蒸气,提高了谷粒内部的压力。到达一定温度后,玉米粒内部的压力很高,足以让坚硬的外壳破裂,谷粒爆裂开。热的淀粉迅速冷却,在内部保留了微小的气泡,变成好吃的膨化状态。

饱和脂肪和不饱和脂肪有什么不同?

饱和与不饱和的判定取决于不饱和的化学定义。不饱和脂肪含有碳-碳双键 (不饱和基团),而饱和脂肪只含有完全饱和碳链。饱和脂肪 (猪油和黄油等) 可以以固体形式堆积起来,它们在室温下是固态的。不饱和脂肪的双键会破坏这种固体状态的晶格,所以这类脂肪 (橄榄油和植物油等) 在室温下是液态的。

顺式和反式脂肪酸有什么不同?

碳-碳双键的脂肪酸可以是顺式或反式异构体。天然不饱和脂肪中有较多的顺式脂肪酸,而人造脂肪 (人造奶油等) 中有较多的反式脂肪酸。反式不饱和脂肪对人体尤为有害,它们会增加胆固醇,导致心脏病。

O
反式脂肪酸
HO

O
HO
顺式脂肪酸

自然世界中的化学物质

蚂蚁是如何有效管理领地的呢?

蚂蚁使用信息素 (费罗蒙) 来进行群体中个体之间的信息交流。信息素有不同种类,寻找食物时会释放示踪信息素,蚂蚁被杀死时释放警报信息素,还有大量用于生殖过程的性信息素。一些蚂蚁甚至使用信息素诱骗敌群自相残杀或成为为己方服务的工蚁。

植物的绿色源于叶绿素,我们的肤色又来源于何种细胞呢?

黑色素的存在决定我们皮肤、头发、眼睛的颜色。黑色素没有单一的结构,它是一类高着色分子,由氨基酸酪氨酸生成。

为什么北极熊有黑色的皮肤和透明的毛?

关于这个问题有一些争论,黑色的皮肤和透明的毛可能是为了让北极熊具有最好的保暖效果,同时在捕猎的时候不易被发现。黑色皮肤可以最大限

北极熊看上去是白色的,其实它们有着黑色的皮肤和透明的毛

度地吸收太阳光的热量，因为黑色物体不会反射任何波长的光。透明的毛使光可以照射到皮肤上，但看起来仍然是白色的，能帮助北极熊融入周围的冰雪环境。

几年前出现了一种说法，也许你已经听说过，传说北极熊的毛能像光纤网一样利用或聚集太阳光。这听上去很酷，不过完全是虚假的。

▶ 如果北极熊有黑色皮肤和透明的毛，为什么它们看上去是白色的？

北极熊外表呈现白色的原因就和雪看上去是白色的原因一样——反射。如果反射表面是多面体（北极熊毛和雪都是），那么照射物体的任何光线都会通过多次反弹到达人的眼睛。如果到达人眼的光束均匀包含各种波长的光，那么看到的颜色就是白色（没有任何波长的光被吸收，将会呈现白色）的。

▶ 为什么每片雪花的形状都是独特的？

很棒的问题！雪花都是由冻结的水（冰）形成，为什么它们的形状各不相同？独特的形状都是在独特的条件下形成的。一个微小的冰晶飘进云团中，随着热气流上升或是随着冷气流下降，伴随周围环境微小的变化，雪花的形状也在不断变化。从另一种角度来说，它们的形状就是它们形成过程的再现。

▶ 火焰的实质是什么？

从化学角度来看，火焰是光与热的氧化反应。碳-氢键和空气中的氧气发生反应，引起自由基链式反应，只要还有氧气和燃料，反应就会持续下去。其实，不是只有碳-氢键能够燃烧，它只是属于最常见的类型（比如火柴和木头燃烧）。

▶ 蜡烛燃烧时，蜡都去哪里了？

燃烧消耗了！组成蜡的长链碳氢化合物转化成了二氧化碳和水。蜡烛是燃烧的燃料，灯芯只是利用毛细管作用向火焰输送蜡。

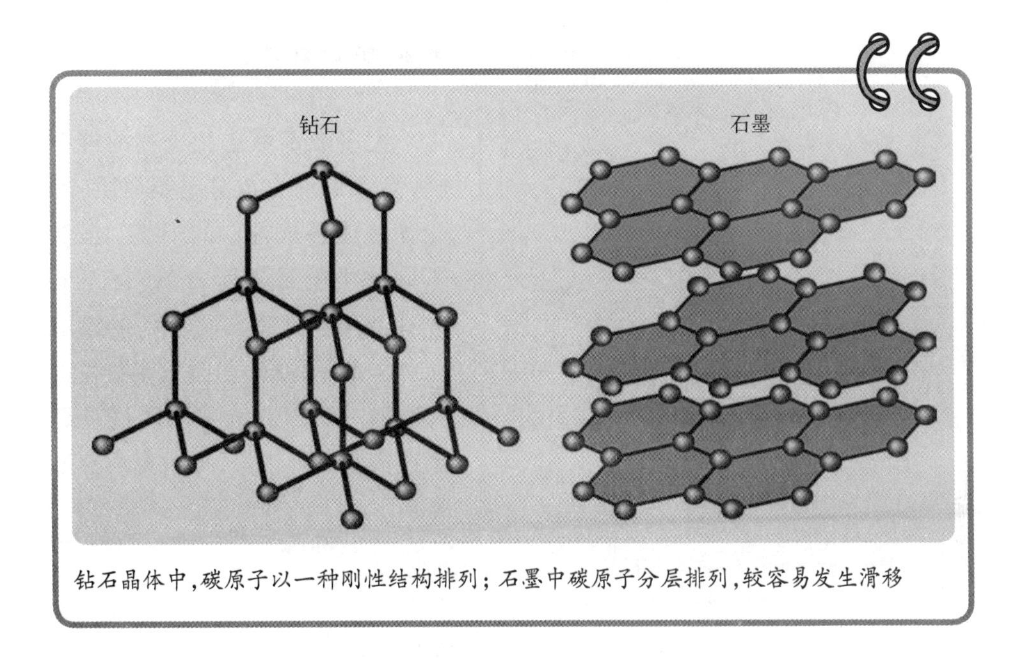

钻石晶体中，碳原子以一种刚性结构排列；石墨中碳原子分层排列，较容易发生滑移

钻石为什么这么坚硬？

纯净的钻石是碳原子的结晶。晶格呈三维排列，所有的碳原子与其他四个碳原子相连形成完美的四面体。晶格在三个维度重复，很难扭曲结构，这使钻石成为非常坚硬的材料。做一下比较，石墨的结构是碳原子层的堆叠。这种二维结构层可以"滑移"，使石墨比钻石硬度低很多。

珠宝店里卖的假钻石是什么？

钻石不能在实验室里制造，但是可以合成相同外观和晶体结构的材料。很流行的"高仿钻石"是氧化锆的立方体晶体，化学式为ZrO_2。立方体氧化锆的密度比钻石大，也就是说，同样体积的氧化锆比钻石重。这也是一种硬度相当高的材料，但是没有钻石硬度高，可以被钻石切割。立方体氧化锆通常是无色的，这与钻石的情况不一样。大部分钻石都含有一定量的非碳杂质，使它们有颜色，只有非常纯净的钻石才会是无色的。

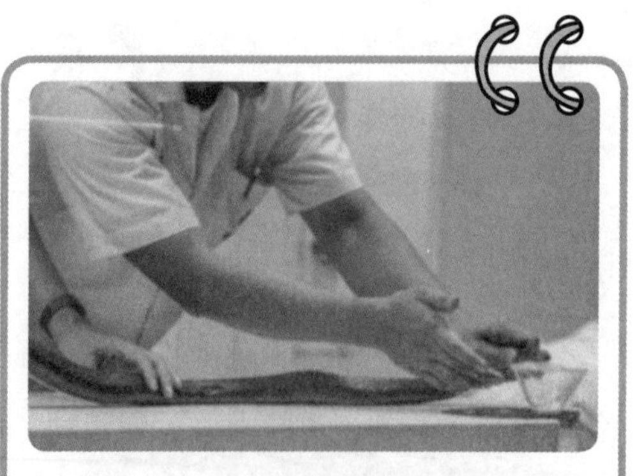

专家在提取蛇毒之后会用于研制抗毒血清。毒蛇有不同种类的毒液：神经毒素和细胞毒素。神经毒素阻断神经功能，细胞毒素直接破坏细胞

蛇毒是什么？

大多数毒液是化合物的混合物，活跃的有毒成分是蛋白质，对受体造成各式各样的损害。虽然不同种类的蛇毒所含酶，甚至同一种类不同地理环境的蛇的毒液所含酶都不一样，但是大多数蛇毒都含有一种神经毒素会阻碍神经系统传递神经信号，导致麻痹甚至瘫痪。

生活中的化学物质

什么使橡皮筋具有弹性？

橡皮筋由聚合物组成，具有缠结的长链状分子。这些长链缠结在一起，链有多种构象且熵趋于最大化。拉伸橡皮筋，这些长链分子会被理顺且熵降低，因此总体来说，拉伸状态可能的构象比收缩状态少。当松开橡皮筋，分子缩紧变为无序状态，主要就是因为收缩状态对应更多可能的构象。

空气清新剂怎样产生效果？

虽然有许多不同类型的空气清新剂，但大部分都是简单的香水喷雾器。香水是一种有强烈气味的物质，有令人愉快的气味，可以遮掩臭味。

头发的成分是什么？

角蛋白是头发（还有指甲）的主要成分。这是一种蛋白质，它组成了人的皮

肤外层、头发和指甲。实际上，动物世界中角蛋白无处不在：大多数哺乳动物的爪子、蹄子、角，爬行动物的鳞片，龟类的壳，鸟类的喙和爪子。这种蛋白质分子重复组成一个大螺旋结构，提供了角蛋白的硬度和构造。硫原子可以在角蛋白丝之间以及形成的螺旋结构之间生成联结，最终形成一根卷曲的头发丝。没错，你猜对了：二硫键越多，头发会越卷。烫直发的原理就是打破这些二硫键，使之转变为直链的构象。

盐为什么能溶化冰？

在冰中加盐降低水的熔点。当在马路的冰面上撒盐，盐水混合物的熔点就会降低，降到比室外温度还要低，这时冰就开始溶化。

我们把盐撒在结冰的道路上溶化冰，这是因为盐降低了盐水混合物的冰点

屁为什么会臭？

屁主要成分是氮气 (N_2)，一种无味的气体。屁中有臭味的分子大多是含硫化合物，闻起来像臭鸡蛋。其他难闻的化合物是粪臭素和吲哚。化学家是怎么知道这些的？因为他们使用了气相色谱分析了屁这种气体。

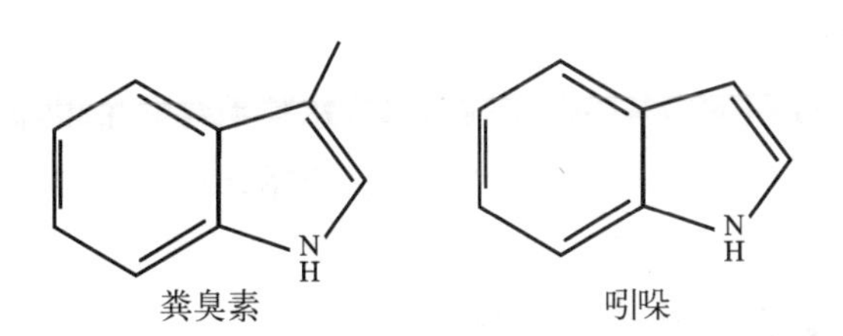

青春痘里面是什么？

你想知道吗？好吧。大多数青春痘的成分是角蛋白和皮脂混合物。本章在前面讲到了角蛋白。皮脂是皮肤自然分泌的一种油性物质。耳垢也主要由皮脂形成。

白头粉刺和黑头粉刺是一样的吗?

几乎是一样的。如果皮脂堆积在皮肤表面之下,就呈现白色。如果皮脂聚集在毛囊周围,或是以其他方式暴露在空气中,将会发生氧化。皮脂氧化变黑,就会呈现黑色。

使用不含化学物质的产品更好吗?

没有这样的东西!所有东西都是由化学物质组成的。的确需要仔细挑选吃的或用的东西,但是,事实上它们都是化学物质组成的。

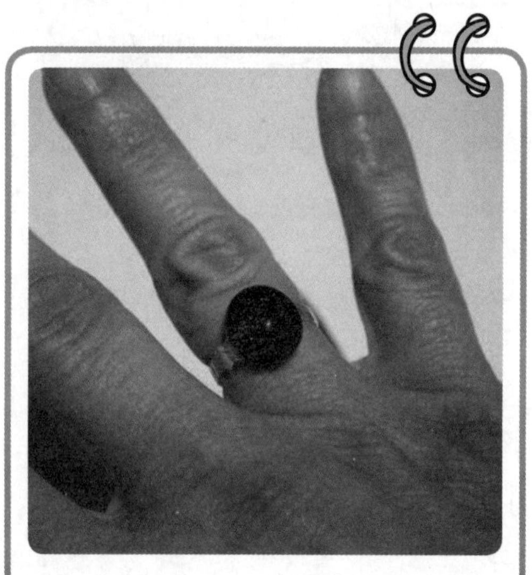

在20世纪70年代,心情指环风靡一时。它的原理和液晶温度计是一样的:石英外壳里的感温液晶随温度变化发生扭曲,使它随着温度不同反射不同波长的光

心情指环包含什么原理?

心情指环随着你的体温改变颜色。颜色变化的部分是感温变色液晶,和一次性医用温度计还有水族馆用的粘贴型温度计使用的是同种技术。

防水睫毛膏有什么原理?

就像前面所讲的一样,疏水性材料不溶于水。疏水性材料制作防水睫毛膏效果很好。防水睫毛膏含有蜡,使其不易被水洗掉。

镜子的反光能力为什么这么好?

现代的镜子都是涂了一层光滑的银或铝以及其他化学物质的涂层。虽然银的化学性质会对反射效果起到一定作用,但是涂层要非常非常光滑这一点更重要。如果银层的表面粗糙,光会反射到不同的方向,使人看到扭曲的图像;

当银层的表面是光滑的，光会按正确的方向反射，将看到的物体准确反射成像。这就是为什么你在光滑表面比如非常平静的水面或者一块闪亮的皮革表面能看到反射成像。

色素是什么？

色素是选择性吸收特定波长（或范围）的分子。吸收剩下的反射波长就是你感受到的颜色。因此，色素只能去除某些波长的光，但不能产生光。例如，蓝色色素吸收了红色和绿色的光，反射其他色的光。或者说，蓝色的颜料只能吸收互补色——橙色光。

为什么选择黄金作为货币的一种形式，而不是元素周期表的其他元素？

货币的基本属性，使得黄金成为最合适的元素。这种元素在使用期间所有温度下都必须是固体——没有人希望自己的钱在炎热天气下蒸发或流走。这种元素必须很稳定——没有人希望自己的钱生锈、着火或发出辐射。最后，这种元素必须罕见，但又不能过于稀少。去掉不适合的元素之后，符合这些要求的元素有铑、钯、银、铂、金。铑和钯直到19世纪才被人类发现，所以它们不是古代文明的选择。古代熔炉不能达到铂熔化的温度（1 800℃），所以无法制成硬币。剩下的是银和金。金的熔点比银高一些，而且不会和银一样在空气中发生氧化，于是当之无愧地成为最适合作为货币的元素。

荧光棒为什么会“发光”？

荧光棒包含三种成分：染料，草酸二苯酯，过氧化氢（双氧水）。当我们“折断”或者说是激活荧光棒时，会释放出过氧化氢。草酸二苯酯与过氧化氢反应生成一种分子叫作二氧杂环丁烷二酮。这种特殊分子分解，释放出二氧化碳和能量，激发燃料分子进入高能态。为了恢复至稳定态，染料分子会释放光子，使荧光棒发光。染料分子的特定结构控制释放光子的波长，这就是为什么有不同颜色的荧光棒。

$$+\ H_2O_2 \longrightarrow 2\ (\text{OH}) \ +$$

$$+\ 染料 \longrightarrow 2\ CO_2\ +染料^{*} \longrightarrow 染料+光$$

不粘锅为什么不粘?

不粘锅的表面涂着一层高分子聚合物,这种聚合物和其他物体表面之间的相互作用很弱 (因此不粘)。杜邦公司在20世纪40年代开发的特氟隆是最常使用的不粘材料。特氟隆是四氟乙烯的聚合物,疏水性很强,水和其他物质 (例如食物) 不能附着在上面。最近,为了这种用途,也开发了其他聚合物。特姆龙 (Thermolon) 是氧化硅聚合物,与特氟隆具有一些相似性;易卡隆 (EcoLon) 是基于尼龙的产品,能使陶瓷的韧性增强。

微波炉的工作原理是什么?

微波炉的原理是介电加热过程。在一个方向不断变化的电磁辐射场中,微波围绕着食物。食物中的极性分子,特别是水,会使它们偶极子与施加的磁场方向一致。磁场方向的不断变化会引起极性分子振荡,这种分子的运动使食物变热。

什么使树叶在秋天变色?

因为含有叶绿素,树叶通常是绿色的。叶绿素吸收蓝色光波和红色光波,所以呈现绿色,这种分子对光合作用至关重要。但当冬季来临,白天越来越短时,植物开始产生较少的叶绿素。随着树叶中这种绿色成分含量降低,其他高度着色分子的颜色开始显现出来。特别是类胡萝卜素呈现的黄色、橙色或棕色开始变得可见。这些分子一直存在于树叶中,只是一年中大部分时间叶绿素含量占据了主导地位。

洗手液的有效成分是什么?

洗手液的有效成分通常是醇,比如异丙醇。这种化学物质也被用于抗菌纸巾和抗菌垫,它能杀死细菌、真菌和病毒。

肥皂是如何进行清洗的?

肥皂分子具有极性末端基团和长疏水尾,在水中,它们会排列成球形胶束。这种结构可以将污渍微粒包裹在内部,将手上或衣服上水不能直接洗掉的污渍除去。

为什么漂白剂有杀灭细菌的效果?

漂白剂的有效成分次氯酸钠($NaOCl$)通过几种方式杀灭微生物。一种方式是破坏微生物的特定蛋白质,阻碍它们的功能,最终杀死细菌。另外,漂白剂可以破坏形成细菌外壳的膜。大多数细菌的膜是非常相似的,所以漂白剂可以有效抑制许多不同种类的细菌。实际上,人体也会自行产生次氯酸($HOCl$)抵御细菌感染(由嗜中性白细胞产生)。

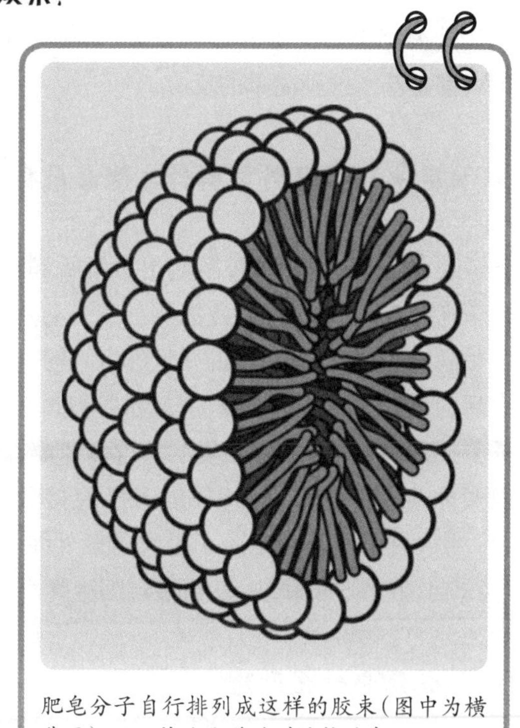

肥皂分子自行排列成这样的胶束(图中为横截面),可以将油脂移动到结构的中心

为什么要在伤口上涂碘?

在药店买到的碘通常是元素碘(I_2)的乙醇溶液。碘是一种常

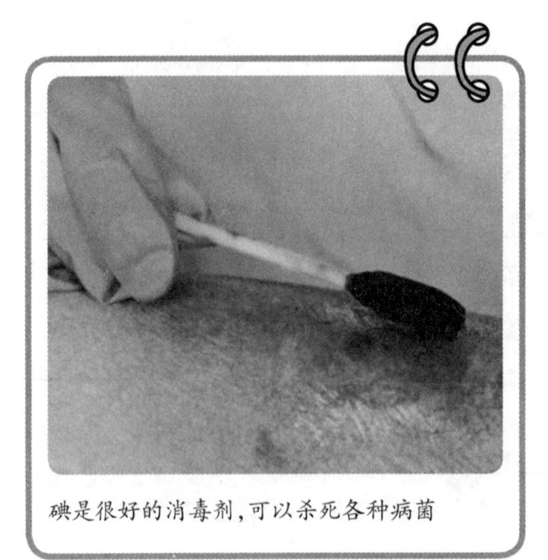
碘是很好的消毒剂，可以杀死各种病菌

用的消毒剂，可以杀死各种病菌，包括难以杀死的孢子。

烟花的原理是什么？

在空中爆炸的烟花，专业上叫作烟火星星或礼花弹，只有几个基本组件。礼花弹升到空中后，铝粉或铝镁合金粉作为燃料会发生反应。这些元素在空气中燃烧得不够快，而且产生的火焰也是单调的白色，所以要加入另一种化学成分，帮助铝更快地燃烧 (专业的说法是氧化) 。不同的氧化物会产生不同颜色的火焰：紫色 (KNO_3) ，蓝色 ($CsNO_3$)，绿色 ($BaCl_2$)，黄色 ($NaNO_3$)，红色 ($SrCO_3$)。现代烟火有很多其他成分 (火药可以帮助这些化合物分散开来，生成很大的烟花) ，都是基于这种简单的反应。

太阳光中的紫外线有什么潜在危害？

很多人喜欢晒太阳，我们也常常听到小心不要晒伤，过度暴晒轻则导致皮肤干燥和皱纹，重则引发皮肤癌。阳光会晒伤人的皮肤，是因为紫外线是相对高能量的光子，会破坏皮肤的弹性纤维，使弹性纤维失去拉伸后回复的能力以及受伤后的快速愈合能力。我们已经讨论过，癌症的原因一般涉及遗传物质 (DNA) 的复制能力损伤，或停止复制。过多暴露在紫外线照射中而引发癌症时，DNA以两种方式被破坏。第一种是DNA直接吸收了紫外线辐射，导致其化学结构改变；另一种情况是其他分子吸收了紫外线辐射，形成具有破坏性的活性自由基 (羟基自由基或纯态氧) ，然后通过细胞弥散，损伤DNA。

防晒霜是什么原理？

防晒霜反射或吸收阳光中的紫外线。为了反射紫外线，防晒霜含有钛或锌的氧化物，这类氧化物都是白色的固体（所有波长的可见光都会被反射）。为了吸收紫外线，防晒霜含有能与紫外线波长相互作用的有机化合物。不同国家的各个品牌的防晒霜都使用钛和锌的氧化物，但是使用的有机化合物就各不相同了。

CD是用什么做的？

所有类型的光盘（CD、DVD、蓝光光盘等等）基本是一样的。外层的聚碳酸酯透明塑料保护内层，防止数据损坏。中间是高反射的金属层，通常是铝，用来反射激光，读取数据。数据存储在另一个聚碳酸酯层中微小的凹点中。这些大约100纳米深、500纳米宽的凹点在螺旋轨道上排列，就像乙烯唱片那样。激光可以通过测量反射光的变化来探测高度的变化，从而读出数据。

为什么砷的毒性这么大？

砷会阻断人体最基本最常用的生化路径。砷，尤其是As^{3+}和As^{5+}的氧化物，干扰柠檬酸循环和呼吸（特别是减少DNA和ATP的合成）。就算没有致死，砷也会提高人体中过氧化氢的含量，导致一系列后果。可怕的是，这些有毒的砷是水溶性的，自然井水和矿业人为污染都有可能导致砷中毒。

大脑如何辨别时间？

最近，科学家推测（目前不知道有多少试验可以证明）人类的大脑构造中有一个内置计时器。通过计时，生物系统在一定的时间间隔产生一些信号。如果这个推测成立，那我们辨别长时间和短时间的效果应该同样好。遗憾的是事实并非如此：人类辨别很长的一段时间的能力非常糟糕。

相反，加利福尼亚大学洛杉矶分校的迪恩博南诺教授在2007年提出，大脑以不同的方式辨别时间。借用他的比喻，像一块石头被扔进一个湖中，水面形成一连串涟漪。如果再扔进一块石头，那么两块石头引起的涟漪就会相互影响。这种相互影响取决于扔进两块石头的间隔时间。刺激神经元（就像把石头扔进湖中）产生独特的信号模式，神经元通过交流不同模式的信号，判断事件的时间间隔。这一理论的精彩之处在于，它解释了为什么大脑善于判断短的时间间隔，而不善

于判断长的时间间隔，因为经过长的时间，水面的涟漪几乎就完全消失了。

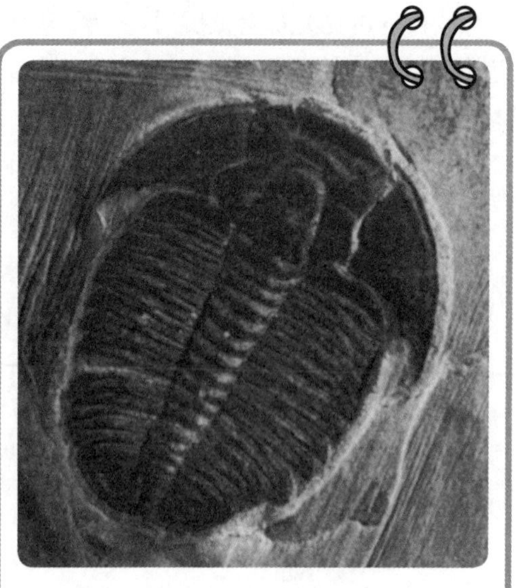
已灭绝的三叶虫被海洋或湖泊底部的沉淀物覆盖，在数百万年前形成化石。随着时间推移，矿物质替代了腐烂的肉体，并凝固成原始生物的形状

▶ 形成化石需要经历怎样的化学过程？

虽然有许多不同种类的化石，但大多数都是通过某种矿化过程形成的。水中有很多溶解的矿物质，生物体死后，这些矿物质慢慢沉积在生物体的微小空间内，甚至细胞内。保存完好的化石需要生物体死后很快被沉积物覆盖 (例如在一个湖底)，在缓慢的矿化过程发生前尸体不会腐烂。

▶ 月桂醇聚醚硫酸酯钠有毒吗？

我们经常在洗发水或牙膏这类产品中看到这个化学成分，以这些产品中的含量来说，是没有毒的。这种分子是一种表面活性剂，和肥皂类似。如果进入眼睛，也会像肥皂一样造成伤害。这种化学物质有刺激性，但是不会致癌。

▶ 牙膏为什么能清洁牙齿？

牙医所用和日常生活所用的美白牙齿的产品，活性成分通常是过氧化氢。过氧化氢与使牙齿变色的着色分子反应，可以去除它们或使它们无色。这本来是一个缓慢的反应，所以在牙医诊所会使用明亮的光照射，加快过氧化氢分解。而那些美白牙膏含有的研磨剂，只是把牙齿上的着色分子磨掉，完全没有化学过程。

牙膏中的氟有什么作用?

氟化物,牙膏中通常添加的是氟化钠,可以增强牙齿的珐琅质。这是如何做到的呢?牙齿的珐琅质就是牙釉质,是牙齿的外层,由一种叫作羟基磷灰石的矿物质组成。这种矿物质由磷酸钙和羟基基团组成[$Ca_5(PO_4)_3(OH)$]。口腔中的细菌代谢糖时会产生酸,酸会溶解这种物质。这也是喝太多苏打水容易使牙齿表面形成空洞的原因。氟离子通过取代磷灰石矿物质中的羟基来重建牙釉质。新形成的矿物质氟磷酸钙[$(Ca_5(PO_4)_3F$],在酸的存在下更稳定,使牙齿更耐腐蚀。

身体中最硬的物质是什么?

牙釉质是人体中最硬的物质,它比骨头还要坚硬。

为什么图书馆书架上的旧书会变得有异味?

旧书的气味是由几百种挥发性有机物形成的,这些有机物是制作书的纸张或是其他材料缓慢降解产生的。旧书气味中所含的两种常见化学物质是乙酸(醋)和糠醛(杏仁味)。科学家可以不破坏历史文献,而是通过分析挥发性化合物来确定制作旧书时所使用的材料。

O
O

糠醛

为什么吸入氦气会使声音变高?

吸入氦气后,声音听起来会变高,但是音高(声波的频率)其实没有改变。声带振动的频率是相同的,只是身体不适应喉咙里的低密度气体。变化的是声音的传播速度,氦气分子量较低,所以声音在氦气中的传播速度比在空气中更快。声音传播速度快,为什么会使声音听起来奇怪?音调其实是相同的,不同的是音色。具体地说,声音的速度越低,具有的能量越低;声音速度快具有的能量

就高，听起来就比较刺耳。

墨水是用什么做的?

墨水是非常复杂的混合物，但两个关键成分是用于着色的颜料和可以溶解(至少是悬浮) 颜料颗粒的溶剂。现代墨水已经发展到使用各种各样的颜色、各种各样的笔的阶段，不过在历史上墨水曾分为两大类。第一种是碳基墨水。使用木材或煤等燃烧后的残留物，例如煤灰，为墨水着色，这些墨水悬浮在合欢树的汁液中 (今天被称为阿拉伯树胶) 。另一种在历史上称为铁胆墨水 (鞣酸铁墨水) 。铁是以硫酸盐的形式($Fe^{2+}SO^{2-}{}_{4}$)加入;“胆” 指的是单宁酸，从橡树的瘿中提取。随着铁离子发生氧化，Fe^{2+}变为Fe^{3+}，铁胆墨水颜色慢慢变暗。墨水溶液的酸性会对纸张造成损坏，因此，保存铁胆墨水书写的历史文献是一项很有挑战性的工作。

用石墨书写为什么很方便?

与大多数墨水不同，用石墨书写的优势有以下几点：石墨不溶于水、不受水分影响，而且易于擦掉。

有趣的是：我们通常把铅笔中的石墨叫作铅芯，但其实它并不含铅 (Pb) 。罗马人曾使用铅来书写，但是这个做法并没有流传下来。20世纪中，铅笔外层的涂料含有铅。

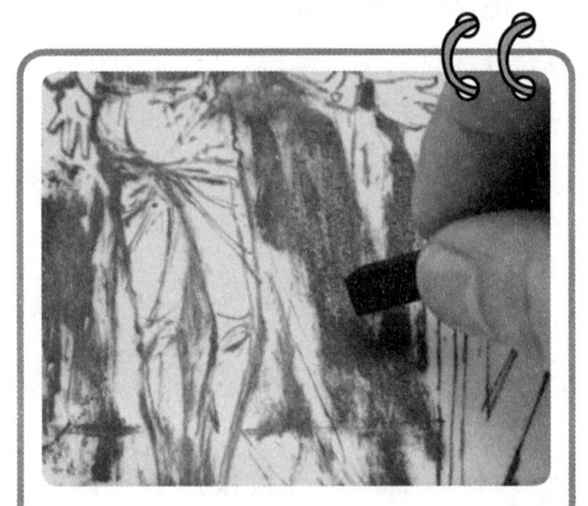

铅笔里的“铅芯”其实是石墨，一种易于书写、绘制，且便于擦掉的碳

温度计的原理是什么?

温度计有很多种，让我们来看看生活中常见的两种。

第一种是填充着酒精或水银的玻璃管。随着温度升高，液体的体积也随之增大，在管中上升。液体的高度已经过校准，以便易于读取温度值。

第二种是双金属温度计。你可能从来没有听说过这个名字，但你也许使用过这种温度计。这是最常见的恒温器类型（在恒温器数字化之前），它曾作为冷库温度计、烤箱温度计，甚至咖啡店制作拿铁咖啡时蒸牛奶用的小温度计也是这种。从名字来看就能猜到，这种温度计里有两种金属（通常是铜和钢）。为了测量温度，这两种金属在加热时会以不同速度膨胀。将这两种金属的长条缠绕成一卷，随着温度变化，它们的热膨胀差将会导致金属卷缠紧或是松开（取决于哪边的金属热膨胀更多）。金属卷会带动指针转动，表示温度上升或下降。

我们为什么需要睡眠？

虽然这听起来像是一个简单的问题，但事实上，科学家们仍没有得到完整的答案。有几种理论，睡眠促进恢复功能，睡眠促进大脑的发育与结构变化，睡眠可以帮助我们节能，或者仅仅因为夜间睡眠使人类祖先在进化过程中更安全。虽然有证据支持这些（或其他）理论，这仍然是个难以彻底回答清楚的问题。

蜜蜂怎么制作蜂蜜？

第一步是找到花朵采花蜜。花蜜是糖和水的混合物。具体来说，花蜜中用来做蜂蜜的糖是蔗糖，一种二糖。蜜蜂体内会产生一种酶，能将蔗糖分解为单糖、果糖、葡萄糖以及葡萄糖酸。这些糖是蜂蜜的主要成分。其中大部分水分蒸发掉了，所以蜂蜜是黏性的半流体。

什么是睾酮？

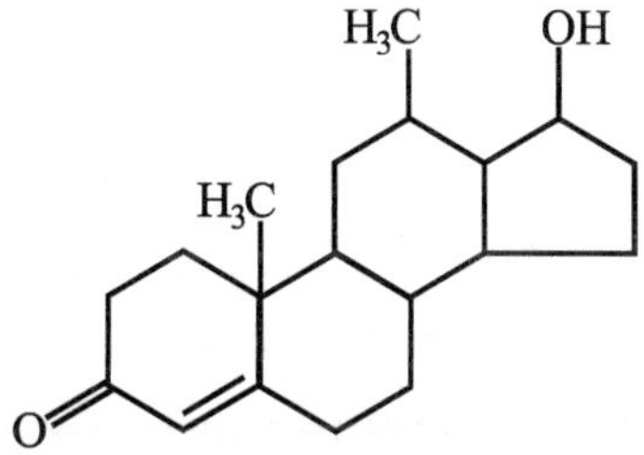

睾酮

睾酮是一种在人类男性和女性以及其他许多物种体内发现的类固醇激素分子。睾酮作为人体内主要的雄性激素，对男性生殖系统发育起着至关重要的作用。男性是由睾丸分泌睾酮的，女性则是由卵巢分泌的。男性需要的睾酮远远多于女性，因此，男性的睾酮水平约为女性的二十倍。奇怪的是，男性对睾酮的敏感性却低于女性。

什么是黄体酮？

黄体酮是一种类固醇激素，对调节人类女性和其他一些物种中的雌性的妊娠周期和月经周期至关重要。它由卵巢和肾上腺分泌，并储存在脂肪组织中。

黄体酮

海洋的潮汐现象是什么引起的？

海洋潮汐是由地球、太阳、月亮之间的相互作用以及地球自转产生的离心力引起的。随着地球转动，三个天体彼此相对运动，定期并循环出现的重力平衡变化，促使海洋中的水向着海岸线移动。

肥料的原理是什么？

当自然环境的供给量不足时，肥料可以给土壤补充植物所需的元素。这些元素通常是氮 (N) 、磷 (P) 、钾 (K) 、钙 (Ca) 、镁 (Mg) 、硫 (S) 。肥料通常由所含元素标记。下次去逛园艺用品店时，可以找找包装上写着“氮磷钾” (NPK) 或者“氮磷钾硫” (NPKS) 的肥料。这些代码后面的数字表示这些元素在每袋中的百分比。

▶ 植物从土壤中能获得哪些营养？

植物能从土壤中获得十三种营养元素，这些分为主量元素和微量元素。主量元素包括氮、磷、钾。植物需要相对大量的主量元素，消耗土壤中的这些元素的速度也快过其他元素。仅次于主量元素的是钙、镁、硫。微量元素的需求量较小，包括硼、铜、铁、钼、锰和锌。

▶ 垃圾在填埋场中生物降解时发生了什么？

生物降解是微生物消耗一种材料并将其转化为自然界常见化合物的过程。这个过程可以在有氧条件下进行（有氧气参与），也可以在无氧条件下进行（没有氧气参与）。有个相关术语是"堆肥"——特指废料堆中的物质发生降解或分解。

▶ 烟是什么？

烟是物质燃烧所释放出的云状微粒团。它的化学成分取决于燃烧物的成分。烟中可能含有烃、卤代烷、氟化氢、氯化氢以及多种硫化物。这些化合物的毒性有很大不同，火灾中浓烟危害人体健康的程度取决于燃烧物的成分。

▶ 人体平均含有多少盐（NaCl）？

成年人的身体平均含有大约250克，也就是大约半磅的盐。

▶ 亚马孙热带雨林产生了多少氧气？

据估计，亚马孙热带雨林所产生的氧气（双原子氧O_2），大约占地球氧气供给量的20%！

▶ 辣椒为什么这么辣？

使辣椒这么辣的分子是辣椒素（化学结构如下图）。这种分子对人类和其

他哺乳动物有刺激性，但仍然有很多人喜欢它的味道！

辣椒素

体育中的违规增血是什么？

违规增血是为了提高运动员的比赛成绩，人为地提高血液中红细胞的数量的行为。这种做法基于以下原理：红细胞负责给肌肉输送氧气，所以更多红细胞可以更加持久地抵抗肌肉疲劳。起初的做法是输注别人的红细胞，或是提前抽取储存自己的红细胞。过去的几十年，出现了一种新型的增血方法。一种新的激素——促红细胞生成素，它可以刺激人体产生红细胞。促红细胞生成素是一种人工制造的用于治疗贫血的激素，但有时运动员会用来违规增血。

为什么一氧化碳是危险的？

当人类吸入一氧化碳时，它很容易由肺吸收，并进入血液与血红蛋白中的铁原子结合。不幸的是，血红蛋白与一氧化碳的结合能力比与氧气更强，所以一氧化碳会迅速阻碍血红蛋白输送氧气。如果发生这种情况，人的肌肉和大脑就会开始缺氧，类似于快要淹死的情况。一氧化碳是一种无色无味的气体，这使人难以察觉，除非有一氧化碳探测器。一氧化碳浓度达到万分之一或更高时，将对人体造成伤害甚至有致命的危险。

一氧化碳中毒会导致脑损伤，对内分泌系统、神经系统、心脏及其他器官造成损害。全球意外中毒致死和意外中毒致伤案件大多数都是一氧化碳中毒。需要提及的是，如果一个人在一氧化碳中毒后存活下来，也可能留下长期的后遗症。一氧化碳中毒的初期症状为头痛、恶心。治疗一氧化碳中毒，通常会让患者呼吸100%的纯氧（空气中只含20%的氧气），用增加的氧气来削弱一氧化碳与血红蛋白结合的能力。

海水为什么是咸的？

海洋中的盐一部分来自流进海洋的雨水和河流中的矿物质。由于海洋中的盐不会随着水分蒸发而蒸发，所以浓度会随着时间的积累而提升。海洋中盐的另一个来源是水热喷口，海水流过这些喷口，变得温暖并溶解了一部分矿物质。水下火山爆发也会增加海水中的矿物质。

海水中的盐离子大部分是钠和氯，约占海水中溶解离子的90%。其余的离子主要是镁、硫酸盐和钙。盐在海水中的浓度相当高，平均约占海水重量的3.5%。

什么是冻土？

冻土是持续两年或两年以上冻结不融的土地。大部分位于靠近南极或北极的区域，或者海拔很高的地方。

驱蚊剂中常用的化学成分是什么？

被称为化学物质N的成分，即N–二乙基间甲苯甲酰胺（更为常用的名字是避蚊胺，DEET），就是最常用于驱虫剂和驱蚊剂的物质。这种化学物质可以直接涂抹在皮肤表面，防止蚊子和其他昆虫叮咬。产生这种效果的原因是蚊子不喜欢避蚊胺的味道，所以尽量远离避蚊胺。某些情况下，避蚊胺会具有刺激性，这也就意味着在非常罕见的情况下，它有可能引发严重的健康问题，例如癫痫。

四 核化学

原子中的化学

核化学与其他种类化学有何不同?

从核化学名称的表面意思来看,核化学是特指涉及核子本身的化学,而其他大部分种类的化学只涉及电子重排。核化学重点关注的是原子核的性质和放射性,及其在能源生产、武器与医药领域中的应用。

什么是同位素?

同位素指的是具有相同质子数与电子数,但中子数不同的原子。我们需要牢记的是,质子数决定了元素种类。在大部分化学领域中,知道了质子数就能决定反映的原子种类,但是在核化学中,中子数是决定核反应过程中同位素种类的重要因素。

电子、质子与中子的质量都相同吗?

质子、中子以及电子的质量各不相同。电子的质量远远小于质子与中子,仅仅是质子或中子质量的约1/2 000。质子与中子的质量相近,中子较质子略微重一些。三种粒子的质量如下:

电子质量:$9.109\,4 \times 10^{-31}$ 千克;

质子质量：$1.672\,6 \times 10^{-27}$ 千克；

中子质量：$1.674\,9 \times 10^{-27}$ 千克。

核衰变过程涉及电子、质子、中子或这些基本粒子组合的释放。

所有的同位素是稳定的吗？

某一元素的所有同位素并不一定都是稳定的。比如锡，它有22种同位素，其中10种是稳定的，其他12种并不稳定（尽管这10种稳定的同位素还存在争议）。当然，稳定是相对而言的。通常，有人说某种元素的同位素是稳定的，这就意味着它的半衰期很长，长到难以通过现代的手段测量。有一些元素并不具有稳定的同位素，比如锝、氡和钚。事实上，原子序数超过83的元素（即质子数超过83）都被视为稳定的同位素。

什么是反粒子，以及什么是反物质？

对于大多数粒子，可以假设存在一个与之对应的反粒子，这个反粒子具有与原有粒子相同的质量，但是电荷相反。这些反粒子近期才在实验室中被首次观察到，它们很难分离，很难进行实验研究。这是由于粒子与反粒子碰撞产生光子，而在这过程中，粒子与反粒子被湮灭。对反粒子的研究还不透彻，这是核化学中比较热门的研究领域。反物质则是由反粒子组成的物质，就像物质是由粒子组成的一样。目前有一个假设，认为宇宙中存在等量的物质与反物质，但是目前的观察并不能支持这个假设。这意味着一个未解之谜，科学家相信终有一天它会被揭示。科学之所以如此有趣，不正是因为存在这些未解之谜吗？！

什么是正电子？

正电子是电子的反粒子。它与电子的质量相同，且旋转方式一样，但是具有电量相等、符号相反的电荷。如果电子与正电子碰撞，它们会湮灭并以光子的形式释放能量。

▶ 粒子加速器是用来干什么的?

粒子加速器是用来产生高速的粒子束,粒子束通常用于轰击物体或者其他粒子,并用于研究其相互作用的原理。大部分情况下,被研究的粒子是亚原子粒子,当然也有原子。这样的实验用于探究有关物质与其空间结构的物理学原理。经典的粒子加速器具有数千米长,有些是通过线性的方式,有些是通过环状加速。

▶ 什么是夸克?

夸克是构成质子和中子,以及其他几种粒子的基本粒子。有六种不同类型的夸克,被称为不同"味",它们是上、下、底、顶、粲及奇。质子和中子分别由三个夸克组成:两个上夸克和一个下夸克组成质子,两个下夸克和一个上夸克组成中子。

▶ 原子核自发衰变是怎样发生的?

核衰变可以在多种情况下发生,可以是无碰撞自发发生或是与其他原子的原子核相互作用引起。核衰变最常见的类型分别被称作α辐射、β辐射、γ辐射。三种类型不同之处在于衰变过程中发射出的粒子不同。

▶ 什么是 α 辐射?

α 辐射,原子核分裂成为两个粒子:一个粒子由两个质子和两个中子组成 (换句话说 α 粒子是一个氦核),另一个粒子由其他剩余的质子、中子还有最初母核的电子组成。α 衰变中,原子核质子数减少2,原子核的原子质量减少4原子质量单位。

▶ 什么是β粒子?

β粒子是衰变过程中放射出的另一种类型的粒子。β粒子可以是电子,或者是电子的反粒子——正电子。如果是一个被放射出的电子,那原子核中的一个中子必将转变为一个质子,以保存这一过程中的电荷。β衰变中,质子的数量增加1,并且原子质量基本保持不变。

核化学与炼金术士的嬗变目标有何关联?

炼金术士想要把普通金属变成金子,现代科技告诉我们这个目标没那么容易实现。简单的化学过程无法将一个元素转化成另一个元素。这需要发生一个核反应,要么一个重原子核分裂成一个金原子核和一个副产物,要么两个较轻的原子核合成一个金原子核。这些情况都不容易发生。如果早期的炼金术士能认识到他们要寻找的核化学反应与普通化学反应的区别,就会节省大量的时间和精力。

γ 辐射是什么?

α辐射和β辐射的成因是原子的粒子损失,而γ辐射是电磁辐射 (称为γ射线) 的释放。γ射线通常具有很高的频率 (10^{19}赫兹),这意味着它具有很高能量 (100 keV, keV为千电子伏特),会造成严重的损害。与α射线和β射线不同,γ射线很容易深入渗透你的身体,破坏细胞及细胞内的DNA。有时这种损伤是有用的,比如肿瘤治疗中的放射疗法,就是利用γ射线来杀死肿瘤细胞。

是什么使原子核聚集?

原子核由不带电的中子和带正电荷的质子组成。不带电的中子不与其他粒子产生静电吸引或排斥,而带正电的质子则会相互排斥。事实上,质子之间的这种斥力是非常强的,因为同核的质子非常接近。因此,能将它们聚集在一起的一定是一种非常强的力。事实也确实如此,所以这个聚集力被命名为强力。强力仅作用在非常非常短的距离——10^{-15}米以内。如果质子的间距大过这个距离,

强力下降的幅度比斥力快，质子就会被彼此推开。这就是常说的中子像“胶水”一样把中子和质子聚集在一起，并且这种作用与稳定原子核中质子和中子的数量有着密切的关系。

一个元素的所有同位素有相同的衰变速度吗？

不，每种同位素有不同的衰变速度。放射性同位素具有最快的衰变速度。有一些元素（特别是最重的）不具有任何真正稳定同位素，这些同位素只能在实验室里合成，并且只会在极短的时间内存在。

什么是放射性核素的半衰期？

放射性核素的半衰期，是该核素减少一半所用的时间。经过一个半衰期将剩下1/2的初始量；经过两个半衰期，剩下1/4的初始量；经过三个半衰期，剩下1/8的初始量，以此类推。放射性原子核的半衰期长短各有不同，我们在下面列出几种不同的元素半衰期，供大家感受一下时间范围。

放射性核素	半衰期
碳-14	5 730年
铅-210	22.3年
汞-203	46.6天
铅-214	26.8分
氮-16	7.13秒
钋-213	0.000 305秒

电子俘获是什么？

电子俘获是一个电子与一个质子结合形成一个中子的过程。在这个过程中元素的原子序数减少1，原子质量保持不变。

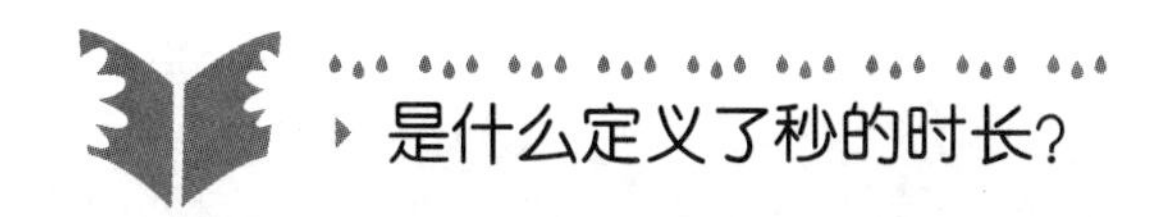

是什么定义了秒的时长？

一秒被定义为：铯-133原子的基态的两个超精细能级间跃迁对应的电磁辐射的9 192 631 770个周期的持续时间。

这是什么意思呢？首先，通过铯-133原子的两个最为接近的能级给定了一个特定的能隙。运用光子的能量与光子频率的关系，这个能隙可以对应一种频率的光。光其实是电磁辐射。通过光的频率的倒数可以得出产生这个频率的光的电磁场的振荡周期。这个周期告诉我们这个电磁场多久振荡一次，一秒就被定义为这个时间间隔（极其短暂）的9 192 631 770倍。当产生这个特定频率的光的电磁场振荡9 192 631 770次，地球上所有时钟的秒针向前移动圆周的1/60。

玛丽·居里是谁？

玛丽·居里是法国著名的波兰裔科学家，是第一位两项诺贝尔奖得主：一项是物理学奖，一项是化学奖。她也是第一位获得诺贝尔奖的女性，并且现在仍然是唯一一位在两种不同领域获得诺贝尔奖的女性。在19世纪晚期和20世纪早期，玛丽·居里对核化学做出了开创性的贡献。她的工作集中在研究放射性元素，她发现了镭和钋。不幸的是，正是居里夫人的工作导致了她的死亡。在她生活的时代，辐射的危害尚不清楚，所以没有当今所使用的防护措施。因长时间暴露于辐射实验室，居里夫人因患再生障碍性贫血而去世。

辐射暴露怎样量化？

辐射暴露存在几种类型的单位，其中科学单位是西弗特（Sv）。在工业操作中，美国所允许的最大辐射暴露量是50毫西弗特（mSv）。相比之下，自然环境的辐射暴露量约为3毫西弗特（mSv）。

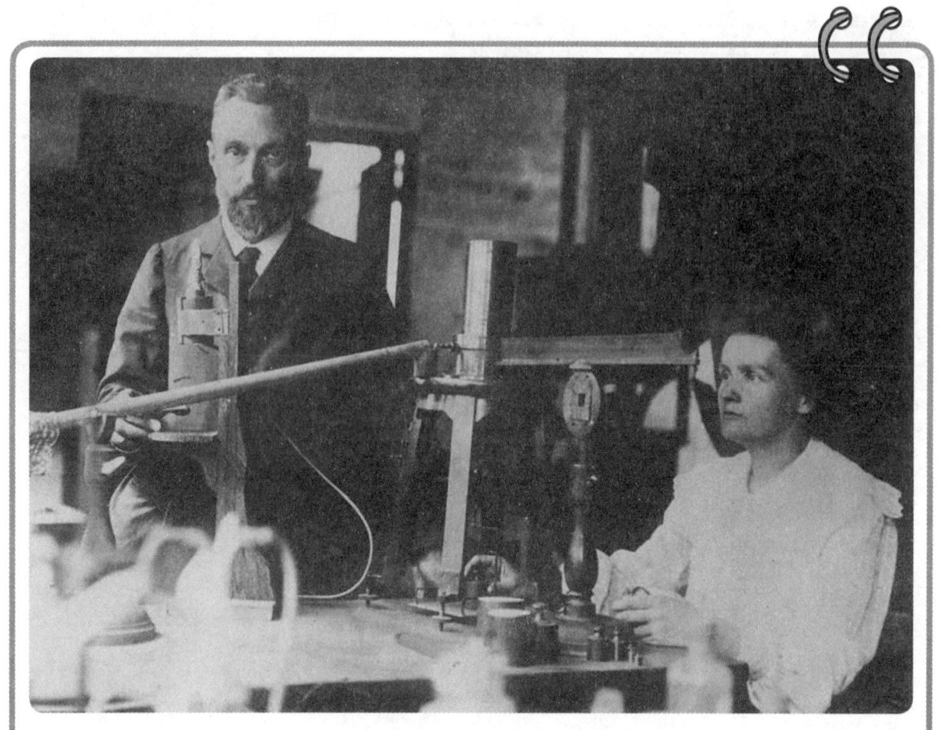

居里夫妇在他们的实验室工作。玛丽·居里是第一位获得诺贝尔奖的女性。事实上，她获得了两项诺贝尔奖。她在研究放射性元素的过程中发现了钋和镭

核 化 学

核聚变是什么？

核聚变是两个原子核结合形成一个重核的过程。两个轻核聚合成为一个重核需要输入能量，但过程本身也会释放出能量。由于会造成大量能量迅速释放，所以核聚变被用于制造炸弹。此外，恒星熊熊地燃烧，同时发出热与光的原理也是核聚变现象。

▶ 冷聚变是什么？

冷聚变是可以在室温条件下用简单的设备完成的反应。这样的聚变反应非常有意义，是一种简单高效的能源产生方式。

▶ 核裂变是什么？

核裂变与核聚变在基本原理上相反。在核裂变中，一个重核分裂成两个轻核。在重原子的条件下，这个过程往往伴随着释放热量。例如，铀-235的放射性衰变可以产生能量，驱动核电厂的涡轮机发电。利用核裂变提供新的能源供人类使用，被认为是更可行的选择（相对核聚变而言）。

冷聚变真的可行吗？

在20世纪80年代末，有报道称实现了冷聚变实验，这让整个科学界都为之振奋。可惜的是，这些实验都是虚构的，因为没有人可以用简单的实验条件再现报道中的实验结果。由于这些不可信的实验被推翻，其他可信的冷聚变实验报道开始渐渐浮出水面，从而证明了理论上来讲冷聚变是可行的。遗憾的是，从几个成功的实验来看，释放的能量比实际运行所需的能量要小得多，这使得冷聚变不太可能作为新的能源。与刚开始时的火热相比，主流科学家们已经普遍对这个论题失去兴趣，只剩下一小部分科学家仍在进行实验，期望找到让冷聚变成为新的能量来源的可行方法。如果实验成功，他们将会震惊科学界，但是今天大多数人相信，冷聚变不可能产生足够多的能量使其能够成为一种新能源。

▶ 裂变过程中是否质量守恒？

差不多，但不完全。少量质量以能量形式释放。具体来说，释放出的能量

E,与质量m遵守著名的质能方程: $E=mc^2$,其中c是光的速度。

放射性是怎样测量的?

辐射强度通过探测放射性衰变过程的产物来进行测量。用于探测的最知名的仪器是盖革计数器。盖革计数器探测核衰变的产物,包括α粒子、β粒子和γ射线。辐射的计量单位是贝可勒尔或者居里,描述物质经过每单位时间的核衰变数。

在许多情况下,盖革计数器不需要在辐射放射时进行探测,只需确定一个样品中同位素的含量就可以。这可以使用分析化学中的方法,比如质谱法。用同位素的含量,对比同位素的半衰期,就可以得出所研究样品的年代。

盖革计数器是一个对几乎任何放射性测量都有用的工具。它可以检测出α粒子、β粒子和γ射线

放射性年代测定是怎样进行的?

放射性年代测定(又称放射性测定年代法)是基于测定样品中某元素的

同位素含量来测量样品年代的技术。利用已知的同位素半衰期和样品形成时同位素的自然丰度，可以确定样品的年代。为了获得一个样品的精确年代，要求在样品存在的所有年代中不能有这种同位素析出或是重新添加。否则这会使被测量的同位素丰度比值变化，不是纯粹由于衰变而产生的。

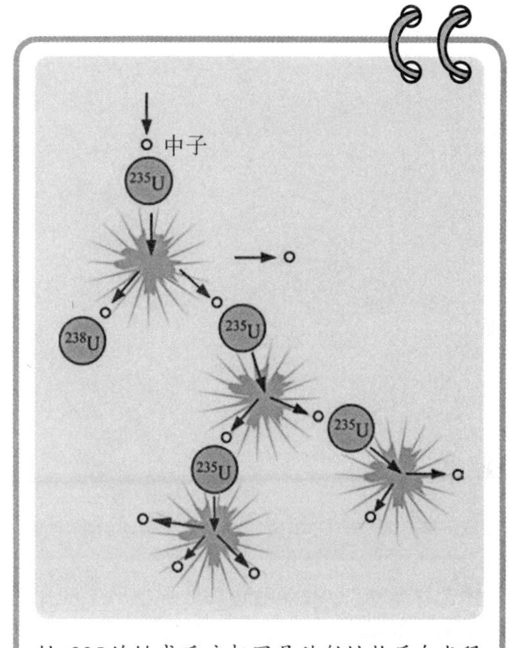

铀-235的链式反应起因是放射性物质自发释放出中子与其他原子碰撞。在核弹中，其目的是让反应达到爆炸的临界点；但在核反应堆中，最棘手的部分则是如何控制反应

什么是链式核反应？

链式核反应是一个给定的核反应引起的一连串的反应，平均而言，至少发生一个以上的核反应。这种链式反应是核能发电和核武器的核心。产生电力的核反应堆和一些核武器使用铀-235。铀-238是更常见的同位素，所以必须先进行铀浓缩以提取铀-235同位素。当一个中子与铀-235碰撞生成铀-236，然后经过裂变释放能量和更多中子，继续与其他铀-235原子发生碰撞，引发持续的链式反应。

原子弹的工作原理是什么？

原子弹 (核弹) 基于迅速发生的链式核反应，在很短的时间内释放出巨大的能量。在早期的设计中，两块铀在炸弹的核心中相互激发，发生链式裂变反应引起炸弹爆炸。当炸弹开始引爆，原子弹的核心扩张，裂变过程发生时必然有压力施加于扩张的核心。引爆后的几分之一秒，爆炸发生。这类炸弹在第二次世界大战中曾在广岛和长崎使用，并且是至今唯一在战争中使用过的核武器。

原子弹爆炸(如图所示),在炸弹中引发一个裂变链式反应,释放出巨大的能量

氢弹和原子弹的区别是什么?

氢弹比核弹具有更加巨大的破坏性。核弹通过裂变链式反应释放能量(重核裂变),氢弹通过轻核聚变释放能量。当轻核融合成为重核,由于使原子核聚集的强力的存在,释放出的能量会保持稳定的全面增长。这两种大规模杀伤武器的相对威力可以这样理解:投向广岛的原子弹具有10千吨当量(爆炸力相当于10 000吨TNT),而普通的氢弹具有10兆吨当量,是广岛核弹威力的1 000倍。

辐射如何应用于医学?

首先,我们应该区分用于核医学的辐射和放射性药物(更类似于本章的其他主题)与电磁辐射(不同波长的光)之间的区别。

核医学是与核化学(本章中有所讨论)最紧密相关的一个医学分支。核医学诊断通常将一种放射性药剂注射进入人体,监测药物放射出的辐射可以获得器官功能的信息,例如血流量、肿瘤的位置,或找到一根断裂的骨头。相比成像技术的诊断,核医学可以早期诊断,提前发现病灶。

有关电磁辐射在医学方面的应用,最先想到的应该是放射疗法。这种疗法被广泛地用于治疗各种癌症。它利用聚焦电磁辐射破坏肿瘤组织的DNA,且不会对周围健康组织造成太大伤害。这种方法能够破坏癌细胞的DNA,使它们无法再生,随着时间的推移一步步杀死肿瘤。为了尽可能地降低对任何健康组织的有害影响,辐射常以不同角度聚焦照射肿瘤组织。

X光照片和CT扫描是两种常用的非侵入性医疗技术,利用电磁辐射成像检查人体内部情况。需要注意的是,经常暴露在这种X射线下是有害的,长时间照射有可能引发癌症。

同位素怎么产生的?

一个元素的特定同位素可以有两种方式获得：从天然样品中分离所需的同位素或者合成同位素。

元素的不同同位素具有相同的化学性质，所以它们很难分离。同位素分离技术是基于质量的差异，而不是化学性质的差异。使用的方法包括在气体或液体中扩散分离（精馏和萃取）、离心法分离、质谱分析法，或者基于不同质量原子的反应速率不同，通过化学方法分离。

元素不同的同位素也可以通过合成产生。一种方法是激发原子核中的高能粒子。依照不同情况，这会导致母核辐射出粒子（产生一个轻核）或导致母核吸收激发的粒子（产生一个重核）。也可以利用其他自发的核反应，当一个原子核发生裂变释放出的粒子被另一个原子核吸收，也可以产生元素的不同同位素。

哪些元素是人造元素?

实际上，我们可以合成很多元素。以下列出了所有的人造元素：

锝(Tc)–43（第一种人造元素）

钷(Pm)–61

镎(Np)–93

钚(Pu)–94

镅(Am)–95

锔(Cm)–96

锫(Bk)–97

锎(Cf)–98

锿(Es)–99

镄(Fm)–100

钔(Md)–101

锘(No)–102

铹(Lr)–103

铲(Rf)-104

钍(Db)-105

镥(Sg)-106

铍(Bh)-107

锞(Hs)-108

铑(Mt)-109

铋(Ds)-110

轮(Rg)-111

锝(Cn)-112

Uut-113

铁(Uuq)-114

Uup-115

锰(Uuh)-116

Uus-117

Uuo-118

核电反应堆的工作原理是什么?

核电反应堆由可控的核裂变反应产生热量,从而产生蒸汽驱动涡轮机发电。核反应堆的燃料通常是铀-235或钚-239。

什么是钍反应堆?

钍燃料循环也可以用于核电反应堆。这个反应中钍-232生成铀-233,并由裂变反应产生热能。

增殖反应堆是什么?

增殖反应堆是核反应堆的一种,产生可裂变物质 (可以作为裂变链式反应的原料) 的速度比消耗核燃料的速度快。这可以通过使用裂变反应释放的中子产生其他可以聚变的同位素来实现。通常包括使用钍产生可裂变的铀或者使用

核反应堆由可控的裂变反应产生热能。增殖反应堆生成的可裂变物质会比使用的原料更多，自给自足

铀产生可裂变的钚。

氡是什么？

氡是众所周知的致癌元素。它是已知最重的气体，密度大约是空气的9倍。它通常会在土壤和岩石中发现，也可以在水中发现。幸运的是，使用氡探测器可以检测出居民家中的氡含量。

历史上最严重的核事故有哪些？

历史上最严重的几次核灾难分别是：1979年美国三哩岛核事故；1986年乌克兰的切尔诺贝利核电站事故；2011年日本福岛因地震引起的核泄漏。发生核事故是非常危险的，担心发生核事故是人们反对建造新的核电站的主要原因。

五 可持续的“绿色”化学

什么是绿色化学?

绿色化学是一种设计化学产品生产过程的方法,目的在于尽可能地减少加工过程中产生的有害物。这往往是一个复杂的问题,不光要考虑化学物质的合成,还要考虑试剂的来源、产品的工业生产、产品的周期等等。保罗·阿纳斯塔斯 (Paul Anastas) 和约翰·华纳 (John Warner) 在一本有关此方面开创性的书籍中将绿色化学定义为“利用一套原则,在设计、制造、应用化学产品的过程中,减少或消除有害物质的使用与产生”。

绿色化学的十二条原则是什么?

保罗·阿纳斯塔斯和约翰·华纳提出的绿色化学十二条原则 (由本书做出解释) 如下:

预防——减少化学废物对环境造成影响的最佳方法是从源头防止废物产生。如果我们把需要治理、清除或储存的废物的产生量降到最低,将更有益于环境保护。

原子经济性——这条原则的主旨是科学家在开发合成方法时,要尽可能使更多的反应物原子转化为目标产物。这有助于预防化学废物的产生,也有助于减少所需原料的数量。(原子经济性也称为原子效率。)

减少化学合成中的有毒物质——鼓励化学家开发不使用或较少使用高毒性化学物质的合成方法。除了尽量减少废物的总量,也要尽量中和废物的毒性。

设计更加安全的化学品——除了最大限度地降低化学合成产生的废物的毒性,还要尽量选择无毒或低毒性的物质作为合成目标,减少其对环境的影响。

更安全的溶剂和助剂——应当尽量避免使用溶剂、分离剂或其他化学助剂。如果不能避免使用溶剂和助剂,应选择使用剂量最小、对环境最安全的合成方法。

合理使用和节省能源——应考虑并尽可能降低合成方法的能量成本。这包括在环境温度和压力下进行反应和后处理程序。

使用可再生原料——只要有可能,任何试剂和溶剂都应从可再生来源获得。

减少衍生物——尽量减少衍生化合成步骤,比如保护和脱保护步骤、阻断基团的使用等。这一原则的目标也是减少废物产生,提高原子经济性。

催化——尽可能使用具有较高选择性的催化试剂,而不是影响化学计量的试剂。

降解设计——化学物质完成自己的功能后,应发生降解,转化为对环境无害无毒的产物。

污染防治的实时分析——分析技术应支持实时、现场监测,防止有害物质的形成。

本质上更安全的化学事故预防体系——使用的化学药品应最大限度地减少事故发生的可能性,以及对环境和人类健康造成的伤害。这包括化学过程的选择,进行化学处理的方法。

你可能注意到了,十二条原则密切关注实际合成和化工产品的应用,因此会依照不同的情况有所改变 (例如,基本化学研究、大规模的工业生产、非合成化学应用等等) 。

▶ 绿色化学的目标是什么?

通读绿色化学十二条原则后就会认识到,绿色化学的重点在于尽可能降低化学产品的研究、加工、应用过程对环境的影响。虽然这十二条原则不能列举出所有能够降低化学产品对环境影响的方法,但是提供了实现绿色化学的基础。

什么是DDT？

DDT，也就是二氯二苯三氯乙烷。在DDT对人体健康和野生生物造成有害影响而被熟知之前，它是一种广泛用于杀虫剂中的化学物质。与DDT接触的人和生物都有可能中毒。在绿色化学的背景下，DDT有着特殊的意义：它有助于警示公众化学药品的滥用对环境造成的危害。有关DDT有害影响的广泛传播，是源自蕾切尔·卡森（Rachel Carson）1962年出版的书籍《寂静的春天》。书中具体描述了在农作物上喷洒DDT对环境造成的众多负面影响。DDT对环境的有害影响为世人敲响了警钟：释放大量未经验证的化学药品进入环境，会对人类和野生动物造成严重损害。1972年，美国正式禁止使用DDT。

二氯二苯三氯乙烷（DDT）

沙利度胺（反应停）是什么？

沙利度胺（反应停）是一种药物，曾经是用来治疗妊娠期的妊娠反应以及帮助解决睡眠问题。在被广泛使用了几年后，人们才发现沙利度胺会导致新生儿出现先天缺陷。这些先天缺陷包括海豹肢症（四肢、面部、神经和身体其他部位的畸形），眼耳畸形导致的视觉听觉问题，胃、肠道畸变，面部帕斯利障碍，发育不全的肺，以及消化道、心脏、肾脏问题。沙利度胺的使用停止了，但今天仍在进行

沙利度胺（反应停）

一些有关其在癌症治疗方面的研究。与DDT的情况类似，沙利度胺在使用中发生的惨剧，促使政府在药物和杀虫剂使用前的实验和测试方面制定了更为严格的法规。

如何衡量一个化学反应或过程有多么"绿色"？什么是生命周期分析？

当然，量化一个化学过程有多"绿色"不是一个容易的问题。即使简单地比较一组类似化学过程，仍然难以确定究竟哪一个更好，因为每一种对于特定类型的人和环境都存在好处和坏处。

生命周期分析，简称LCA，是一种用来评价和比较产品对环境影响的方法。正如名称所表明的，这包括产品在被制造出到被处理掉之间所发生的一切。当然，这可不是件简单的事！通常需要辨别化学产品生产所需的以及使用中产生的所有物质，包括排放到大气、土壤、水域中的物质以及产生的固体废弃物。然后需要评估每一种物质与废弃物对环境的影响，希望得出一种方式可以较容易地与其他化学产品或工艺进行对比。这些环境影响的总体评价就是化学产品的生命周期影响分析评价。

这些正或负的数值会转换为其对环境造成的影响或冲击。环境影响的总和代表着产品或工艺的生命周期对环境造成的影响。运用LCA可以通过对比环境影响，从而选择化学产品。

什么是生物修复？

生物修复是一种消除环境污染的方法，依靠微生物新陈代谢将污染物转化为无毒的物质。有时为了特定的用途，这些微生物会经过基因改造。比如，一种称为耐辐射球菌的细菌经过基因改造可以消解汞离子化合物和核废料中的甲苯。在这种情况下，生物修复技术通常是在污染现场引入一种微生物，从而避免了物理清理和运输。

什么是植物修复？

一些污染物，比如重金属，通常不容易由生物修复技术进行处理。这种情况

什么是甘蔗渣?

甘蔗茎被压碎榨汁之后,剩下的植物物质被称为甘蔗渣。去除水分后(甘蔗渣可能含有大量的水分),甘蔗渣主要由纤维素、半纤维素和木质素组成。这种材料典型的使用途径是由糖厂直接燃烧产生热量为其他过程供能,可以用于带动研磨机也可以发电后转卖给电力网络。甘蔗渣还能用于造纸。最近,人们也开始用甘蔗渣制造乙醇。

在亚马孙热带雨林中,生物修复用于清理被石油污染的土壤

可以使用植物修复。植物修复是采用某些植物吸收污染物并将其储存于植物的地上部分,便于之后移除。然后将含有污染物的植物放在焚烧炉中燃烧,将更多的污染物集中起来,在某些情况下,污染物甚至可以被回收再利用。

塑料如何被分类回收?

塑料回收的第一步是按树脂类型,也就是按树脂识别码来分类。树脂识别码是按照材料聚合物的类型,标记塑料制品(或容器)的数字。当简单地直接使用识别码区分出聚合物(单种或多种)类型后,接着使用其他方法,比如近红外光谱或密度分选法,把需要回收的塑料按原料分子量分类。

在美国,塑料的回收利用比例是多少?

在2008年,6.5%的塑料垃圾被回收利用,大约7.7%用于燃烧产生能量,其余的大部分都进了填埋场。值得注意的是,随着塑料制品不断增加,塑料制品的回收率却在下降。有时候,这可能只是因为塑料制品的数量增加得太快,或者无法在短时间内建立一个收益良好的塑料回收业务。

什么是替代溶剂?

替代溶剂对环境相对无害,可以替代传统使用的或者较早出现的对环境不安全或具有毒性的溶剂。其中一个例子是2-甲基四氢呋喃。作为溶剂,它与广泛使用的二氯甲烷和四氢呋喃溶剂具有相似性,但更具有显著的环保优势,它是由可再生原料生产的,如玉米芯和甘蔗渣,并且它易于分离和清理。大家可以在下图中比较2-甲基四氢呋喃 (左) 和二氯甲烷 (中) 与四氢呋喃 (右) 的化学结构。

O Cl C Cl H H O

反应如何在无溶剂环境中进行?

有几种方法可以在化学实验时避免使用溶剂。最简单的情况是反应物之一可以作为反应的溶剂。这种反应通常被称为进行无溶剂反应。在常温条件下不是液体的反应物也可以在熔融状态下作为溶剂使用。某些反应也可以在固体负载催化剂上进行,而不需要溶剂。因为避免使用溶剂,以上每种方法都降低了成本,并减少了产生的废弃物。

什么是超临界流体?为什么它可以作为理想的绿色溶剂?

超临界流体是一种具有相当高的温度和压力,温度和压力在相图上超出"临界点"的物质。不同物质,临界点的温度和压力不同,这相当于一组条件,超出这些条件后,物质的气相与液相的区别将不再明显。也就是说,超过这个值之后,物质的密度等特性将随着温度压力的改变而轻而易举地发生连续改变。

因为可以通过调整超临界流体的密度、溶解度、扩散率等特性,灵敏地操控

反应或萃取过程，使得超临界流体成为理想的绿色溶剂。

让我们来看看目前应用最广泛的超临界流体：二氧化碳。将二氧化碳用作超临界流体的优点在于其不能被氧化，具有惰性，不参与自由基的反应。这使得二氧化碳不会参与承载的化学反应，同时也意味着是一种相对良性的污染物 (暂时忽略它是一种温室气体) 。然而，二氧化碳在常温和常压下是气态，因此，必须增加压力和温度才能使它成为一种良好的溶剂。在不同的温度和压力下，超临界二氧化碳能溶解很多种类的化合物，并与气体以各种比例混溶。超临界二氧化碳作为溶剂通常可以回收再次使用，因而不容易产生大量废物。其实，二氧化碳的液态形式也可以作为溶剂，但是会失去一些前面提到的可调性优势。

可选择的绿色试剂的例子是什么?

和替代溶剂的出发点一致，替代试剂是对环境相对无害的反应物，用来替代有毒的反应物。可选择的一种绿色试剂是碳酸二甲酯，可用于甲基化和羰基化反应。传统的碳酰氯 (光气) 和碘甲烷也能进行同样反应，但是它们具有更明显的毒性，处理起来也要花费更多成本。碳酸二甲酯是一种无毒的化合物，易于通过氧化反应生成甲醇和氧气，避免了造成环境危害的合成步骤。

碳酸二甲酯 (左) 、光气 (中) 和碘甲烷 (右) 的化学结构如下：

什么是助剂?

化学助剂，如溶剂、分离剂、分散剂，是一种在化学合成过程中使用的化合物，但它们不是试剂，因为并没有参与生成化学产品。

为什么绿色化学的第五条原则要尽量避免使用助剂?

理论上来说，在化学合成中要尽量避免使用助剂，因为这样做可以减少产生的废弃物，将可能造成的环境危害降至最低。

为什么在化学合成中，经常需要加热？

化学合成中，通常用加热提高反应速率。某些情况下，加热也用来影响相变。为了尽量减少化学合成对环境的影响，往往要寻找在常温下易于进行的反应，这样，就完全不需要加热带来的能量输入了。

什么是“E因子”？

“E因子”是化学过程环保程度或有害程度的度量指标。具体来说，E因子是合成每千克期望产品所产生的废物的质量比值（分母是每千克期望产品）。因此，E因子越低，化学过程就越环保。当然，这只是一个单一的指标，化学过程的环保性还需要考虑其他因素，比如，废弃物的毒性。医药企业中，药品合成过程的E因子通常在25到100之间。

能举例说明如何将一个化学过程变得“绿色”吗？

在制药巨头辉瑞公司，伟哥合成过程的E因子原来是105。然而，即使伟哥已经开始在市面销售，辉瑞的研发团队仍在重新审视整个合成步骤。最终用毒性较低的替代溶剂替换了毒性相对较高的氯化溶剂；合成步骤也被修改，在任何可能的环节回收溶剂。另外，由于过氧化氢的使用会带来一系列相关的健康危害，因此也将它从过程中去除了。而另一种试剂草酰氯也被停止使用，因为该试剂的使用会产生一氧化碳。最后，伟哥合成过程的E因子降低到8，只有原来的十三分之一！

随后，整个辉瑞都在进行类似的工艺改进。抗痉挛药物乐瑞卡（Lyrica®）的E因子同样从原先的86降到现在的9。这些改进减少了数百万吨化学废物，在大多数情况下，这些改进在降低了成本的同时，也使得工作环境更安全，产品的使用也更加安全。

微波的使用是如何促进了绿色化学的发展？

微波是频率在0.3赫兹到300赫兹的电磁波。微波被物质吸收会让温度升

高，由此加热样品。在厨房用微波炉加热和烹饪食物也是同样的原理。在传统加热方法没办法实施的情况下，微波提供了加热促进反应进行的方法。微波加热便于在绿色条件下促进反应，比如在无溶剂情况下加热反应所涉及的所有反应物。

▶ 光化学反应在绿色化学中起什么作用？

光化学反应往往是绿色合成方法的绝佳选择。原因之一是光子不像化学试剂或催化剂，光子不会留下浪费的或过量的原子。由于光激发可产生高活性物质，光化学的引发往往可以在常温下迅速进行。在某些情况下，光化学合成比依靠热引发的反应的步骤更少。

▶ 什么是绿色化工产品？

绿色化工产品是秉持着绿色化学原则设计制造的化工产品，它们不会对人与生物健康以及环境造成有害影响。随着绿色化学的发展，人类开发生产了大量的绿色产品，更安全的家用涂料以及环保清洁用品，还有新型塑料制品。“良性设计”这个词经常用来形容这样的产品。

▶ 对环境有害的有机污染物是什么？

美国环境保护局列出了十二种需要警惕的特别具有持久性危害的有机污染物。具体有机污染物有：艾氏剂、氯丹、双对氯苯基三氯乙烷 (DDT) 、狄氏剂、异狄氏剂、七氯、六氯苯、灭蚁灵、毒杀芬、多氯联苯、多氯二联苯戴奥辛 (戴奥辛也就是二噁英) 和多氯二联苯呋喃。美国环境保护局通俗地将这组化合物称为“肮脏的一打”。

▶ 橙剂是什么？

橙剂是一种美国军方在越南战争期间使用的除草剂，由2，4–二氯苯氧乙酸和2，4，5–三氯苯氧乙酸的混合物组成。目的是消除敌对人员藏身的农村地区的植物，并破坏农作物从而毁灭当地人的食物来源。在使用过程中他们发现2,4,5-三氯苯氧乙酸被污染为2,3,7,8-四氯二苯二噁英——一种剧毒化学成分。喷洒在越南南部农村地区的橙剂浓度很高（平均浓度为美国农业部建议国内使用浓度的13倍），越南南部大约20%的森林都被喷撒了这种高浓度的橙剂。橙剂的使用对这些地区人民的健康造成了非常不利的影响，虽然越南战争已经在1975年结束，但这些不利的影响仍然存在。据估计，因美军使用橙剂而造成了大约一百万人的残疾或更严重的健康问题。

2,4-二氯苯氧乙酸（左）、2,4,5-三氯苯氧乙酸（中）和2,3,7,8-四氯二苯二噁英（右）的化学结构：

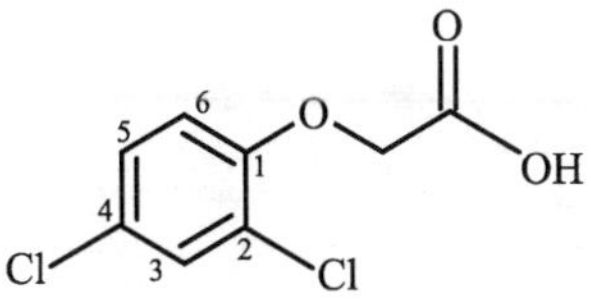

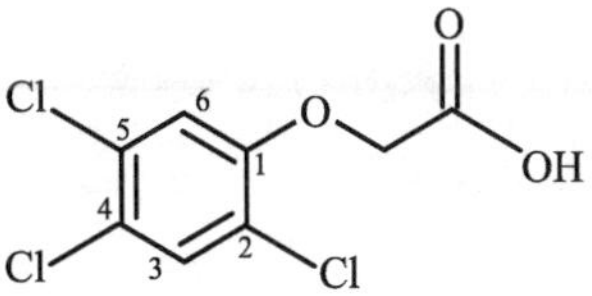

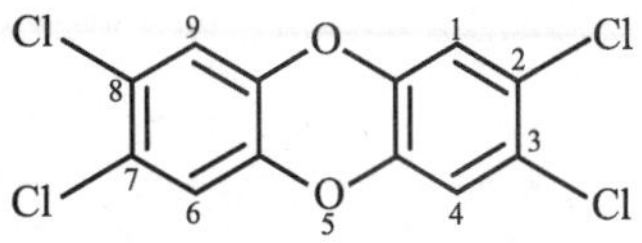

Cl 4 3 2 Cl 1 6 5 O O OH　Cl 5 6 1 O O OH 4 Cl 3 2 Cl　Cl 9 O 1 Cl 8 2 7 3 Cl 6 O 5 4 Cl

▶ 绿色化学的出现对化学工业具有怎样的影响以及在公共领域中具有怎样的作用？

在过去的几十年中，在推动大型化工企业将注意力放在环境保护方面，绿色化学起到了至关重要的作用。带来这种转变的还有其他原因，包括政府的规定、公众舆论，当然还有民众对保护环境的期望。工业化学家、政府机构，以及一般公众都在不断思考化学制品对环境的影响，绝不允许类似DDT那样的悲剧再次发生。

▶ 美国环境保护局在促进绿色化学中起到了什么作用？

美国环境保护局（Environmental Protection Agency，简称EPA），付出了极大的努力来促进绿色化学。环保局提供了大量的奖学金和奖励，用于促进环保意识和鼓励化工业按照绿色化学原则进行技术改进。它还努力教育公众了解绿色化学，了解化学产品对人体健康和环境的影响。环保局还资助可持续技术研究和小企业的创新研究，并且促使美国化学协会绿色化学研究所与化工业公司形成伙伴关系。

位于华盛顿特区的美国环境保护局图书馆。美国环境保护局的一个作用就是指导公众了解绿色产业

过氧化氢作为绿色试剂的作用是什么？

过氧化氢 (H_2O_2) 是一种理想的绿色氧化剂，过氧化氢反应具有较高的原子效率，反应后的副产品仅仅是水。作为特别洁净的氧化剂，过氧化氢可以在水溶液中使用，避免使用任何有机溶剂。幸运的是，催化剂可以使过氧化氢在水性环境中作为一种很高效的氧化剂，生产出高纯度的产品。过氧化氢能够成为理想

华纳巴布科克绿色化学研究所是做什么的？

华纳巴布科克绿色化学研究所是由约翰·华纳和吉姆·巴布科克(Jim Babcock) 创立的，为了促进环境保护和可持续技术的发展。该研究所同时为科学家和非科学家提供绿色化学原则的培训。

的绿色试剂也有其他原因，比如它相对便宜，并且能大量生产。事实上，每年会生产出2 400 000吨的过氧化氢。必须注意的是，高浓度的过氧化氢是危险的，所以反应应在过氧化氢浓度小于60%的条件下进行。

有没有绿色化学领域的发现获得过诺贝尔奖呢？

有！虽然绿色化学是个相对"年轻"的领域，但是这方面的成果已经获得过一次诺贝尔奖。这个奖项是在2005年授予发展了烯烃复分解反应的三个人［加州理工大学的罗伯特·格拉布(Robert Grubbs)，麻省理工学院的理查德·施罗克(Richard Schrock)，法国石油研究所的伊夫·肖万(Yves Chauvin)］。烯烃复分解反应是一种化学反应，涉及两个碳-碳双键发生反应形成两个新的碳-碳双键，有效地交换连接到每个碳原子上的取代基。发生这个催化反应的条件温和，几乎不产生危险废弃物，并且已被证明可用于多种情况，包括新药物的合成。

是否有任何有关绿色化学的法律法规呢？

当然有！举两个例子，欧盟法规《化学品的注册、评估、授权和限制》(英文简称REACH) 和美国加利福尼亚州的《加利福尼亚绿色化学倡议》。

REACH的目的是要求企业提供数据证明其产品是安全的。这包括使用过程中可能发生的化学危害，还需要说明化学品限定的使用方法。在美国有一个类似的法案，《有毒物质控制法》，但因不够有效而受到批评。

美国总统绿色化学挑战奖是什么？

这些奖项是在1995年创立的，致力于创新和支持绿色化学。每年，奖项下的五个分支奖项将颁给在以下绿色化学领域中做出杰出贡献的个人或公司：学术领域、小企业领域、绿色合成路径领域、绿色反应条件领域和绿色化学品设计领域。

《加利福尼亚绿色化学倡议》在2008年生效，要求加利福尼亚的有毒物质控制部门将工作重点放在明确“有关化学物”。这个倡议将检测化学物的责任从个别公司有效地转移到政府机关。最初这个法案受到批评，因为它以物质刺激的形式推动工业生产中的绿色化学方面的教育与研究。由于受到普遍反对，需要重写和修改规定，《加利福尼亚绿色化学倡议》的执行日期不得不推迟，它不止一次进行了修改。

▶ 使用水作为溶剂的优点和难点是什么？

水作为溶剂的优点有很多：水的来源丰富，对环境无害，液相温度范围广，并且能减少废物。当然，如果不是因为有一些难点，甚至会在每一种反应中都使用水。使用水作为溶剂的主要难点是，许多化合物在水中不稳定或不溶于水。此外，很多反应在有机溶剂中可以很好地进行，在水性条件下却不行，所以现有的许多有关有机合成（绝大多数是在无水条件下）的知识通常不能直接应用于水性条件下的反应。相对许多有机溶剂，水也很难从反应中去除，因为水的沸点较高。随着绿色化学的发展，有关水相合成的研究量显著增多，越来越多使用水的合成应用取得了重大进展。

▶ 有哪些生物原料的例子呢？

生物量或植物材料是很好的化学合成或者能源供给的原料。通过光合作用，植物可以高效地获得并储存太阳光的能量，找到方法使用生物量进行绿色化学应用将对推进该领域发展大有好处。生物量资源可以分为几大类，包括纤维素、脂类、木质素、萜类和蛋白质。纤维素大多在植物的组成部分中。木质素经常伴随着纤维素一起在植物的木质部分中被发现。脂类和油脂可以从种子和大豆中提取。萜类可以从松树、橡胶树以及其他植物中得到。蛋白质在许多植物中的含量相对较小，在动物中的含量比较大。目前也在努力研究，利用转基因技术制造能产生大量蛋白质的植物。利用生物原料生产化学物质或是能量的主要难点在于所需成分的分离与纯化。

博帕尔惨剧是什么？

博帕尔惨剧（也被称作博帕尔毒气泄漏案）是1984年12月发生在印度博帕尔的毒气泄漏事件。美国联合碳化物公司建立在印度的下属企业联合碳化物工厂，在生产过程中异氰酸甲酯发生意外泄漏。当泄漏发生时，大部分人还在睡眠中，毒气毒死了周边城市成千上万的居民。这次毒气泄漏的影响多年后仍然存在，事件发生后的近三十年中受到伤害的人数总计超过五十万。

印度博帕尔惨剧后愤怒的抗议者们，抗议联合碳化物公司化学品泄漏造成的惨剧没有得到公正的裁决。这次泄漏造成成千上万的人被异氰酸甲酯毒死或致残

为什么制造布洛芬（ibuprofen）的过程是一个很好的绿色合成的例子？

布洛芬的现代工业合成具有很高的原子效率，由于传统的工艺得到了改良，所以具有更加环保和成本低廉的优点。原有传统合成方法需要六个步骤，使用化学计量的（而不是催化的）试剂量，原子效率较低，产生的废物较多。现代改良后的方法，只有三个步骤，每一步其实都是催化过程。第一步使用可回收的催化剂（氟化氢，HF），并且几乎不产生废物。第二步和第三步全都能实现100%的原子效率！这个过程接近完美地代表了工业生产中绿色化学的理想基准。

生物催化是什么？

顾名思义，生物催化就是利用酶或其他天然催化剂进行化学反应。这个过程往往可以在绿色化学条件下很好地进行，因为生物反应通常是在常温中性的水中进行催化。此外，酶本身对环境无害，并且可以从天然来源获得。

除了这些优点，生物催化反应通常具有高效选择性和专一性，需要相对较少的合成步骤，从而最大限度地减少不必要的副产物。生物催化合成的例子有青霉素类、头孢菌素类（一种抗生素）、普瑞巴林（缓解神经疼痛的药物）。随着技术越发成熟，生物催化技术越来越普及，有更多的人认识到这项技术的优点。

▶ 环境的五个领域是什么？

环境科学过去集中关注地球的四个领域或层面。包括水圈（地球上各种形态的水）、大气圈（地球上的空气）、岩石圈（地壳与地幔上层）、生物圈（各种生物）。环境科学家最近越来越多地关注到第五个领域——人类活动圈，关注人类日常活动方式对环境造成的影响。

▶ 温室效应是什么？为什么这一效应会影响地球的温度？

温室效应是地球表面发出的热辐射被大气中的气体吸收并重新释放的过程。再次被释放的辐射，大部分处在光谱的红外区域，朝着各个方向发出，这意味着部分能量将再次返回底层大气和地球表面。由此温室气体就导致了地球表面温度的整体增加。需要注意的是，一定量的温室效应是完全自然的；但是当人类活动导致大量温室气体排放时，温室效应的影响就会增强。

说明一下，这一效应的名称来源于温室允许太阳光穿过玻璃并留下一部分在温室内部。事实上，温室的原理与温室效应并不相同，温室的玻璃墙是为了防止因气体对流而导致热量散失。

▶ 大气中污染物为什么会影响降雨？

空气污染会影响当地和全球的气候，包括降雨的数量和频率。低浓度的颗粒物悬浮在大气中有助于云层和雷电的形成，但随着浓度增加，这些相同的颗粒会抑制云的形成，引发降雨或雷暴。这一现象也受周围气候变化影响：一般认为云增多会对气候造成降温影响，因为云反射走了入射阳光。

火山会在大气中产生什么污染物?

火山是大气中二氧化硫 (SO_2) 气体的主要来源。这种气体有毒,对人的眼睛、咽喉和鼻腔黏膜有刺激性。二氧化硫会与氧气、阳光、灰尘还有水发生反应,生成含有硫酸根离子 (SO_4^{2-}) 和硫酸 (H_2SO_4) 的悬浮水滴,这种类型烟雾称为火山烟雾 (vog)。火山烟雾会引起哮喘发作和损伤呼吸道,产生的硫酸会引起酸雨。

六 材料科学

什么是材料科学？

材料科学是一门自然科学与工程应用交叉的学科，它的研究领域聚焦于材料宏观性能与微观结构（原子与分子）之间的关系。很多化学技术用于表征材料，以及描述材料内在微观结构，这些都会在固态化学中讨论。因此材料科学中很多分支都基于化学。本章节我们将为大家简单介绍与化学密切相关的典型的材料科学。

有哪些不同类型的材料？

生物材料——涉及各种类型的生物分子的材料。

碳——由网状碳原子组成的材料，例如石墨、石墨烯、金刚石，或者碳纳米管。

陶瓷材料——无机（非金属）材料，烧结与冷却是这种材料的典型制备方式。

复合材料——由两种或更多组分制备而成的材料，具有不同的性能。

梯度功能材料——整个材料的结构与性能会逐渐变化的一类材料。

玻璃材料——非晶固体，在宏观上表现出固体的性能。

金属材料——由金属元素组成，具有良好的导电导热性，典型性能是延展性和韧性。

纳米材料——具有纳米尺度结构特征的材料（尺度小于十分之一微米）。
高分子材料——由多个重复结构单元组成的材料/聚合物。
耐火材料——在高温状态下仍然保持其强度不变的材料。
半导体材料——具有导电性，且介于金属与非金属之间的材料。
薄膜材料——材料厚度极其小，范围在一个分子到几微米之间。

我们为什么学习材料科学？

人们学习材料科学是为了在使用材料的过程中寻找出最合适的那款材料，兼顾性能与成本。我们想要理解不同材料的性能与极限，而且，如果可以的话，在它们属性更改后仍能重复利用它们。通过学习材料科学，我们还可以根据目标性能来设计材料。

材料的典型宏观性能是什么？

常见的材料性能包括：
导热性（传递热的能力）；
导电性（传递电子的能力）；
热容（温度改变需要吸收的热量）；
光的吸收、传播以及散射的能力；
稳定性（耐机械磨损以及耐腐蚀能力）。

现代材料设计中什么性能是设计目标？

以下列出了材料科学工程中的近期目标。这个清单并不全面，但是这足以告诉你们当今材料学的研究方向。

1. 发展耐高温结构材料，该材料在高温条件下具有卓越的性能。
2. 发展高强度、耐腐蚀材料，该种材料常用于建筑行业。
3. 发展轻巧、高强度材料，该种材料用于高速飞行器。
4. 发展高强度、低成本玻璃材料，该种材料可制造不碎玻璃窗并用于公共设施。

5. 发展核废料处理过程中所需的材料。

6. 发展超低吸光的光纤维，用于制造光缆。

什么是原子堆积因子？

原子堆积因子指的是当原子堆积成一个晶体时，原子体积与晶体体积之比。换句话说，原子堆积因子越高，材料中原子空隙越少。

陶瓷材料怎么制造的？

陶瓷是一种非金属材料。陶瓷材料由无机材料组成，将它加热到很高的温度，这样很容易导致（原子/分子）组成成分重新排列，然后再将它降到室温。最终产生的材料强度很高，也很硬、很脆，同时导电性与导热性很差。

什么是摩擦学？

摩擦学是材料学的分支，是研究材料的磨损。它包括研究摩擦对材料的影响，如何优化材料表面、提升界面间的润滑等，从而提高材料的寿命。

什么是富勒烯？

只由碳原子组成的球状、椭球状或者管状的分子是富勒烯。富勒烯这个名字的来源是理查德·巴克明斯特·富勒（Richard Buckminster Fuller）。他是一位建筑师，设计了穹顶（迪士尼未来世界的太空地球馆就是穹顶设计）。美国邮政局曾经发行过富勒和他设计的穹顶纪念邮票。

什么是巴基球？

巴基球，或者巴克明斯特富勒烯，是一种球状的富勒烯。最常见的是C_{60}，它是由五元环与六元环碳原子交替所组成，看上去像一个足球。事实上这种分子能在日常烟尘中发现，但这并不意味着你可以把篝火残存卖给来进行尖端富勒烯研究的人。这是因为C_{60}的提纯难度非常高。

什么是碳纳米管?

圆柱形的富勒烯被认为是碳纳米管。C_{60}是由五元环与六元环碳原子交替组成,虽然它只有几纳米宽,但是可以被拉到几毫米长。这种性能是世界上独一无二的,因此许多化学家都热衷于研究碳纳米管。纳米管的导热性与导电性都非常好,同时强度也很高(具有超凡的拉伸性能)。

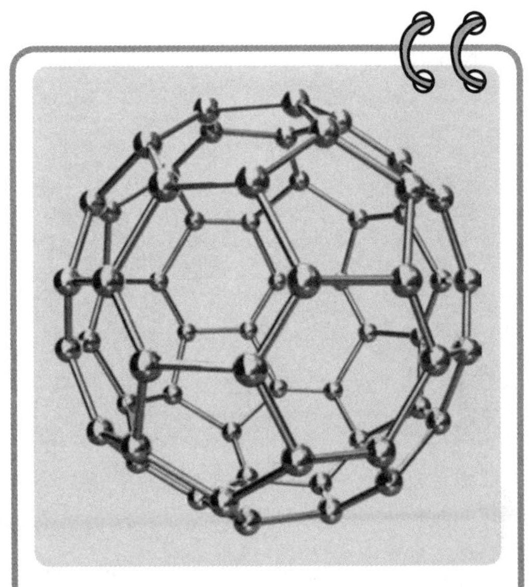

巴克明斯特富勒烯是一种只由碳原子组成的球状分子

什么是扫描电子显微镜?

扫描电子显微镜(SEM)是利用聚焦电子束轰击样品来对试验样本照相的技术。电子束轰击试样表面,电子会发生散射,通过分析散射出的电子进行成像。总的来说,用散射电子的成像方法可以提供高分辨率的图像,这比灯管成像清楚得多。这是因为电子束的波长更短。SEM可以用来获得纳米级的高分辨率图像。电子基础的成像方式的不足之处(与光学成像相比)是会毁坏样品(尤其是有生命的样本),一束光是不会造成这样的后果的。SEM主要用于表征材料。

什么是透射电子显微镜?

透射电子显微镜(TEM)和SEM类似,都利用电子束来研究试样,但是不同的是透射电子显微镜的电子束会直接穿过样品。透射电子显微镜照片比光学显微镜的分辨率要高。第一台比光学显微镜分辨率高的透射电子显微镜诞生于1933年,并在1939年开始商业化运作。透射电子显微镜看似是很先进的技术,事实上它是一种已经应用了不短时间的技术。

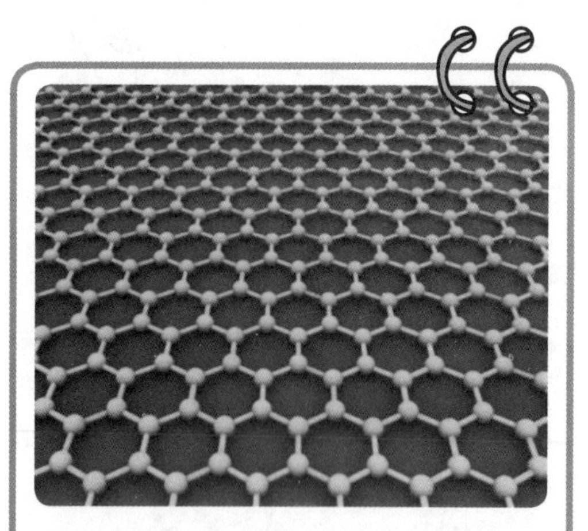

碳原子以类似于扁平的巴基球的形式排列所得的材料就是石墨烯。它在电子以及机械工程应用中有很大的潜在使用价值

什么是石墨烯？

对石墨烯的感官认识就是一个没有被卷起来的碳纳米管，或者是一个平的巴基球。碳原子以六方形式排列（蜂窝点阵）的材料就是石墨烯。它类似于石墨，只是它只有一层原子的厚度。一平方米的石墨烯重量小于一毫克。自从石墨烯被发现，它的电子、热、光学、机械以及其他性能都被广泛地关注。近期有大量关于石墨烯性能与应用的研究，其中有关它的性能研究还获得了2010年诺贝尔物理学奖。

光伏元件怎么将光转化成能量？

光伏电池可以将太阳发射出的光子转化成能量并存储起来以备使用。电池的独立单元通常有一平方英寸（约为6.45厘米^2）或者一平方英尺（约为929.03厘米^2）那么大，当上千块独立单元同时使用时，可以吸收大量的能量。当光线中的光子击中光伏材料时，电子将被激发后聚集到硅板的一边。这就在光伏电池中创造出了电势差，形成一个正极和负极（类似于普通电池）。这样光伏电池将光能转化成了电势差能。这种电势差能量可以通过转化成别的形式的能量而迅速释放，与此同时光伏电池继续收集光子存储能量。

什么是储氢材料？

如果我们能够存储液态氢将会带来很大的益处，但是由于氢的沸点很低（−252.9℃），导致存储液态氢的技术很低效。这是由于氢在室温下极易蒸发，必须使用大量的能量才能将氢保持在液态。一个可行的存储氢气的方法就是将其压缩后存储在金属容器中，类似于存储其他气体。但是也有其他存储氢燃料的方法，包括物理方法和化学方法。一系列化学存储方法已经被广泛研究，即金属氢化物（比如$NaAlH_4$，$LiAlH_4$，或者$TiFeH_2$），水溶性的碳水化合物（一种能释放氢气的酶促反应），合成烃、氨、甲酸、离子液体等等。这些方法都是依赖于化学反应将氢气存储起来。物理存储方法包括深冷压缩（低温高压形式）以及各种材料，如金属-有机物骨架、碳纳米管、毛细管阵列等等。遗憾的是，这些物理方法迄今未在储氢方式中得到实际应用。

梯度功能材料的应用领域是哪些？

梯度功能材料的性能随着维度的变化而变化。它是一种新颖的材料，在各种领域有广阔的应用前景。例如，人体的活体组织，包括人体骨骼，都被归入天然的梯度功能材料。因此科学家想要开发一种梯度功能材料来替代人类的骨骼。梯度功能材料也能应用在航空领域，因为使用的承载环境是一个变化巨大的高温度场。这种材料还出现在能量转换设备中，已在燃气涡轮发动机中进行了使用。同时这种材料也是一种良好的防止裂纹产生的材料，这就使其成为制造人类或车辆的防弹护甲的最佳候选材料之一。

为什么科学家热衷于研究半导体？

先回忆一下半导体的概念：是否半导体是由物质自身的导电性能决定的。半导体的导电性介于导电良好的金属与绝缘体之间，这使其具有很大的使用价值。科学家能够使用半导体来控制电路中的电流，这是发展复杂电子设备的关键环节。半导体可以是“掺杂的”含有额外电子的材料，或者缺失电子的材料，从而可以控制电子的流动方向。在太阳能采集设备中，半导体也起到重要作用。在能量转换过程中，半导体吸收能量再“释放”电子，使得电流可以很好地被调节，这也是科学家开发太阳能电池的研究基础。

薄膜材料的应用是什么？

厚度在纳米级 (10^{-9}米) 到微米级 (10^{-6}米) 的材料即为薄膜。它常被涂在光学元件或者半导体表面。薄膜可以用来制造镜子，由于它的厚度和成分可以调节，所以能够制备具有各种反射性能的镜子——例如具有特定反射波长的镜子和双向镜 (一侧透明，另一侧不透明)。薄膜也可用于半导体涂层，调整其导电性。

材料学是怎么让你家在冬天变得温暖起来的？

很简单，通过设计高效的隔离材料就能达到这一目的！概括来讲，美国48%的能源用于夏天制冷以及冬天取暖。保温材料有助于保持建筑物内的温度。除了聚苯乙烯和其他绝缘材料，还有密封玻璃窗等密封材料都可以用于减少能源浪费。

材料学是怎么提高汽车能源效率的？

一种方式就是制造更好的轮胎！橡胶轮胎的发展趋势就是减小阻力，仅靠轮胎就可以节约10%的能量。另一种方式就是通过使用特殊的润滑剂使设备能在更大的温度范围内工作，这样不管在冷还是热的条件下，燃机效率都保持在较高的状态。这大约可以提高6%的效率。此外，材料学还负责开发轻质材料作为汽车材料。

目前，材料学家面临的挑战是什么？

其中一个挑战就是制造一种足够轻巧的材料，用这种材料制造的汽车很容易靠电能驱动。LED灯也是另外一项挑战。我们需要开发一种低成本且发光高效的LED灯。另外就是减少材料的浪费。减少浪费的方法很多，从材料学角度来看，我们希望生产出的材料可以被循环使用。

什么是电阻率？

电阻率是表征材料抵抗电流流动能力的量度。具有高电阻率的材料是不良导体，相反，具有低电阻率的材料是良导体。电阻率的单位是欧姆米（Ω · m）。回想一下，电阻的单位是欧姆（Ω）。

什么是磁导率？

材料的磁导率是描述磁场中磁力线通过材料内部的难易程度。它反映了在外加磁场的条件下材料的磁化量。高磁导率材料能够在高磁场中使用。

什么是材料的“热处理”？

不同的材料中热处理的目的也有所不同，通过加热或冷却可以使得材料得到不同的性能。通常情况下，这样做是为了使材料变硬，或者变软。热处理可以改变材料的内部/微观结构，并在室温条件下保持材料的热处理后的状态。

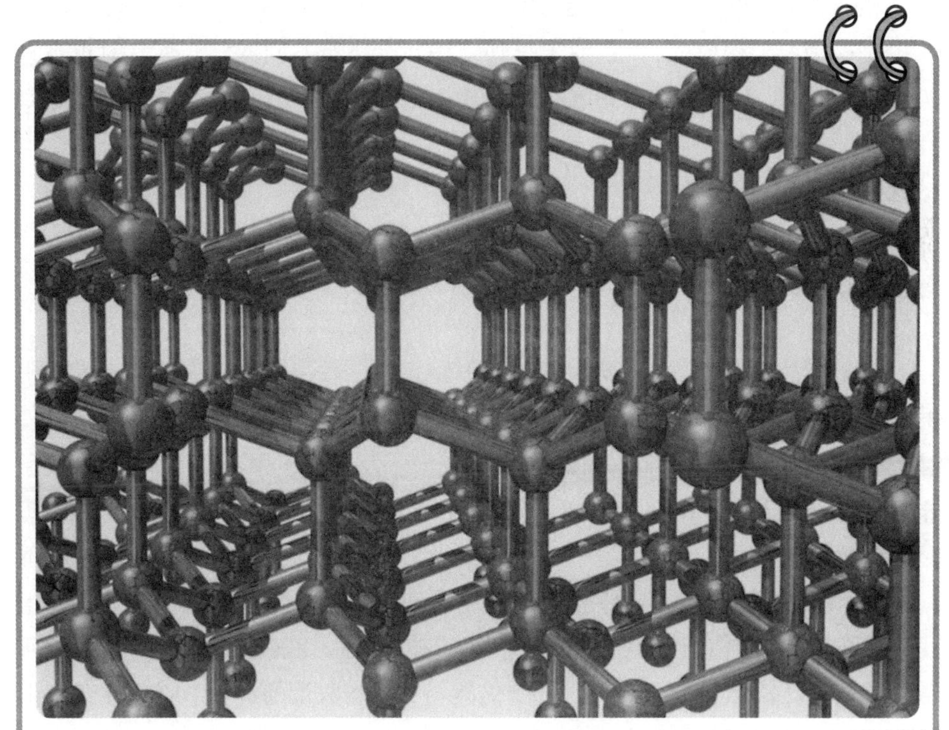

六方碳和金刚石一样是由碳原子组成的，但是六方结构使它比闪闪发光的钻石还要坚硬

什么使织物“防水”？

一种防水织物的防水原理是编织得足够紧密从而使水不容易进入或渗透。另一种防水材料的原理是经过橡胶涂层（或其他涂层）处理，将水排除在外。一些涂层只是暂时防水，当涂层或某种处理随着时间推移磨损后，织物的防水效果就会变差。

已发现的最坚硬的物质是什么？

你可能听说过钻石是已知的最坚硬的物质。虽然钻石非常坚硬，但实际上还有更加坚硬的材料！几年前，科学家们发现一些合成的纳米材料比钻石还要坚硬。最近，另外两种更硬的天然材料被发现了，它们分别是纤锌矿型氮化硼和六方碳（蓝丝黛尔石）。纤锌矿型氮化硼的原子排列结构和金刚石的原子排列非常相似，但是由不同原子构成（硼和氮，而不是碳）。另一种材料，六方碳，其实也是由碳原子构成的，但是原子排列结构与金刚石不同。六方碳有时也被称为六方金刚石，在含有石墨的陨石以高速撞击地球时形成。纤锌矿型氮化硼是在火山喷发期间的高温高压下自然形成的。但目前为止，只发现或合成了少量的这些材料。

当在窑里“烧”一个湿的黏土罐时，会发生什么？

黏土罐放进窑前，通常要在空气中干燥几天。这一步已经除去了大部分水分，但黏土内部还含有一些水分。当在烧窑中加热时，剩余的水就会变成水蒸气从黏土中蒸发。但是如果加热太快，水蒸气来不及从黏土中蒸发出来，会导致黏土罐爆裂。随着黏土罐继续被加热，黏土中的有机成分会烧掉，这是黏土最终坚硬的必要环节。

接下来是一个有趣的阶段，这个时候我们需要考虑黏土的化学成分。黏土由一个单位氧化铝（Al_2O_3）、两个单位二氧化硅（SiO_2）和两分子水络合而成。所以即使所有“多余”的水分蒸发掉了，仍然会有相当数量的水化学键合在黏土中（从这个角度上说，水占黏土质量的14%）。随着温度的继续升高，这些剩余的水分子开始被释出，并且也被蒸发掉了。这就是另一个必须缓慢进行的步骤，否则水会形成黏土中的蒸汽气泡，并扩大最终导致黏土罐破裂。

此外，还会发生其他变化，比如随着黏土罐被加热，二氧化硅的晶体结构会发生多次改变。最终，玻璃态氧化物在黏土中熔融，黏土将结合成陶瓷材料。熔融材料比较倾向于填补剩余的空隙，加固最终的成品。最后需要注意的一点是，二氧化硅的晶体结构在冷却中也会发生变化，注意冷却过程必须足够缓慢，确保在冷却中不会产生裂纹。

苹果手机（或其他智能机）的屏幕使用哪种玻璃？

到目前为止，苹果手机以及其他许多智能手机屏幕的玻璃，使用的是一种碱铝硅酸盐玻璃，这种玻璃被用于超过十亿台设备之上！它的重量轻、体积小，并且防刮擦性和防裂性明显优于其他种类的日常玻璃。

派热克斯玻璃（Pyrex）烤盘是什么做的？

派热克斯原本是1915年推出的一种用于实验室玻璃器皿和家用厨具的玻璃。它是一种硼硅酸盐玻璃，它的使用始于20世纪早期，现在由不同的公司负责制作派热克斯玻璃器皿。与最初的配方不同的是，现在使用的是钠钙玻璃。这种新配方比原来的成本更加低廉，而且产品具有更好的抗摔性，但是耐热性会稍微逊色。

派热克斯烤盘是很多厨房中的常见用具。这种材料是钠钙玻璃，不易被打破和开裂

OLED屏幕如何工作的？它们是由什么组成的？

OLED（有机发光二极管）是LED（发光二极管）的一种类型，里面有一种有机材料。当电流通过时，这种材料会发光。所以，OLED可以用来制作电视屏

幕、电脑显示器和手机屏幕等等。OLED既可以使用有机小分子，也可以使用聚合物。OLED屏幕的一个优点是不需要背后光源，使得屏幕可以薄而轻，显示更深或黑色图像的水平也要优于背光屏幕。

▶ 封信封的时候，在信封口舔到的黏黏的东西是什么？

你在信封封口处舔到的胶黏物（口水胶），通常是一种叫作阿拉伯胶的物质。它由多糖和糖蛋白组成。这种胶可以在相思树（阿拉伯树胶树）的树汁中发现。

▶ 什么是凝胶？

凝胶是有弹性性能的固体材料，但又不会像液体那样流动。它由交联键合的原子网络组成。原子网络内其实包含着按重量分布的液体状分子，但是凝胶材料仍然呈固体状。凝胶的交联网络带来的是固体状性质，而内部的液体成分带来的则是黏滞性。

▶ 超材料是什么？

超材料是一种人工设计的材料，通常具有一个模式或一种周期性排列。超材料呈现特殊的宏观物理性质，是源于材料的结构或者材料按照特定的模式排布，但材料的组成不一定如此。换一种说法，就是超材料的组成成分不如超材料的内部结构那么重要。依靠材料的结构影响其性能，超材料已经实现了其他类型材料没有实现的特性。举一个例子，超材料中的负折射率材料，在一定的波长范围内，第一次实现了“隐身斗篷”，并且这项技术将随着时间推移不断进步。

▶ 气凝胶是什么？

气凝胶是一种与普通凝胶非常相似的材料，除了关键细节——液体成分被气体取代了！因为液体占凝胶重量的很大一部分，所以气凝胶非常轻。这类材料是半透明的，所以有时被称为“凝固的烟”或“固态空气”。通过超临界干燥过程将液体成分从凝胶中脱去，使得液体被蒸发掉，而不破坏固体网状结构的化学键。气凝胶已经可以使用多种材料构成，其中包括氧化铝、二氧化硅、氧化铬、二氧化锡。

什么是高温合金？

高温合金在高温条件下展现出卓越的材料性能，包括抗变形能力、耐腐蚀能力以及良好的表面稳定性。通常情况下，高温合金包括镍基、钴基或镍-铁基高温合金。高温合金主要应用在发动机及航空制造领域。

拉胀材料是什么？

拉胀材料有种独特的特性——当它被拉长的时候，它们的的确确会在与作用力垂直的方向上变厚！这与拉伸其他材料的现象相比，实在是一种奇特的表现。这是由于材料内部铰链结构发生变化的结果：当施加拉伸的力时，这些结构就会被撑开。

七 天体化学

什么是天体化学?

天体化学就是太空中的化学！天体化学家和所有化学家的工作一样——研究分子以及分子间的反应，只不过天体化学家主要着眼于研究温度极低气体非常非常稀薄的外太空环境。同时，外太空具备的这两种特性，意味着在此种环境中有能够存在相对较长时间的许多奇特的分子。

如此遥远，天体化学家要怎样研究分子?

一种特殊的天文望远镜可以对来自其他行星或天体的光(或者任何类型的电磁辐射，不仅仅是可见光) 进行光谱分析。辐射的某些特征可以让化学家测量出不同元素的含量以及天体表面的温度，比如恒星和彗星。

太空中发现的第一种分子是什么?

太空中检测到的第一种分子是氢，不过你可能想知道的是比这更大一些的东西。除去双原子分子 (例如H_2，N_2，O_2等)，甲醛(HCHO) 是第一种在太空中检测到的分子。

射电望远镜可以探测出任何一种分子吗？

射电望远镜只能探测分子的偶极距，偶极越强越容易探测到。由此，一氧化碳 (CO) 很容易在太空中被探测到，因为它有很强的偶极距，并且相对含量丰富。

怎样在太空中检测到氢气 (H_2)？

通过观测电磁波谱的其他部分，科学家可以发现没有净偶极的分子，比如通过紫外辐射检测到氢气 (H_2)；或者通过红外线检测到甲烷 (CH_4)。

原子发射光谱法 (AES) 是什么？

AES测量物体燃烧时所发射出 (或吸收) 的光的波长。每种元素的光谱线波长是唯一的，因为原子释放出光子的能量取决于特定的原子的电子结构。

在星际空间中，科学家们发现了哪些分子？

最近的一项统计称在星际空间中检测到的不同种分子大约有150种。名单中包括地球上常见的双原子小分子 (CO、N_2、O_2等)，在地球上只能保存很短时间的高能双原子自由基 (HO·、HC·等)，还有丙酮、乙二醇和苯一类的有机化合物。

外太空能发生核反应吗？

能——并且发生在星体内部！核反应经常发生在恒星内部，由氢原子发生核聚变反应产生氦，最终再产生其他更重的元素。还有更高能的核反应，会在两个中子星合并时发生。

陨石是什么？

陨石是来自太阳系的大块物质 (类似巨型岩石)，作为一颗较大的流星穿过

大气层到达地面。流星以非常高的速度 (每秒15千米到70千米) 从太空进入大气层,在这个过程中大多会发生燃烧。当它们穿过大气层时,在地上的人们可以观测到空中掠过的一道光,这就是通常所说的流星。

彗星是由什么组成的?

彗星其实就是太空中浑身沾满着杂质的“脏雪球”。彗星通常是由岩石、冰、气体组成的球体。有时会存在很少量的其他化合物——甲醇、乙醇、碳氢化合物。2009年, 美国宇航局的“星尘”号探测器证明“维尔特二”号彗星 (Wild2) 上存在甘氨酸 (一种氨基酸) 。

有其他类地行星存在吗?

至少有一个类地行星已经被发现, 可能还有更多的存在。2011年, 美国宇航局的开普勒太空望远镜发现, 距离地球600光年有一颗行星围绕恒星转动 (这颗行星现在命名为开普勒-22b) 。这颗行星估计约有地球2.4倍的大小, 存在于被称为“宜居带”的区域。“宜居带”意思是这个区域有可能存在类似人类的生命主体。我们对这颗行星的大气和构造仍然所知无几, 但仅是它的存在就相当有趣。会有多少其他类地行星存在呢? 不好说, 但考虑到恒星数量很多, 也许会存在很多类似的类地行星。

外太空气体的密度与地球大气的密度相比呢?

至于外太空气体多么稀薄, 还是得先给出一个数量概念。地球的大气层中, 1立方厘米 (1毫升) 的体积中含有2.5×10^{19}个粒子, 通常是原子; 而外太空相同体积内平均只有一个粒子。地球上创造出的所有真空空间的空旷程度都比不上外太空!

太空探测器(例如“好奇”号探测器)是怎样在月球或者火星上寻找分子的呢?

“好奇”号探测器安装了一整套化学设备。激光诱导击穿光谱仪是其中最

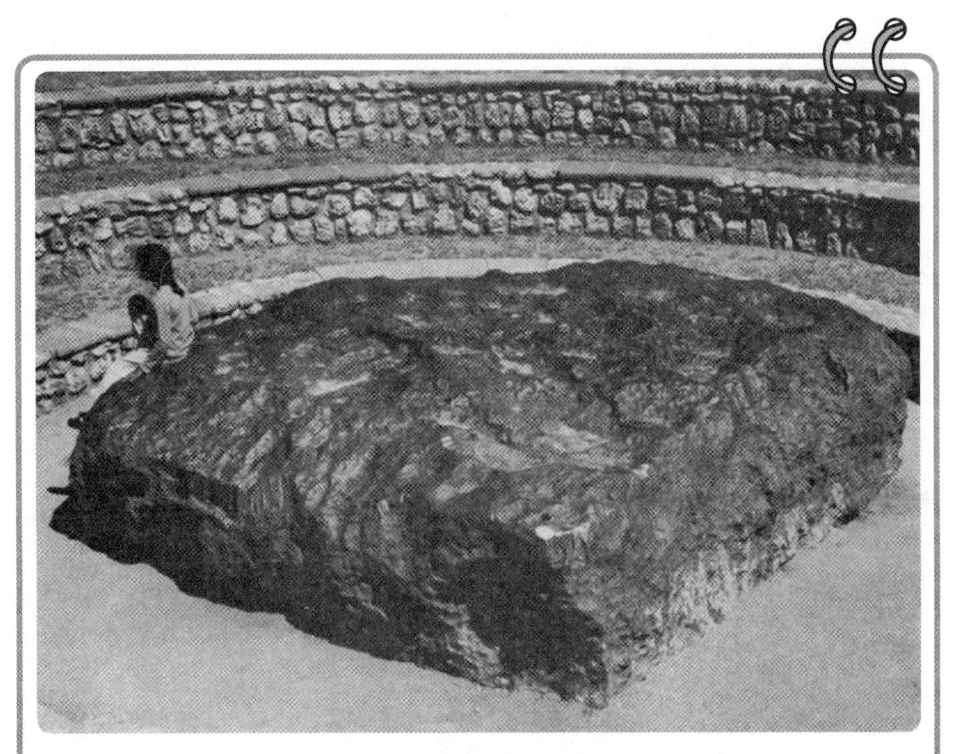

位于非洲纳米比亚的HOBA陨石，重达60吨，是已知最大的天然存在的铁。它是如此大而沉重，从未被移动过

彗星是地球生命的“种子”吗？

有趣的是，一些科学家是这么认为的。最近，氨基酸在彗星中被发现。因为氨基酸是构成地球生命的关键，这就引发了一种猜想——氨基酸也许源自宇宙。随后研究这些氨基酸最初是怎样出现在彗星上时，发现星际冰能够滋生出肽（两个氨基酸以肽键相连的化合物）。这个结果进一步支持了这种观点，来自太空深处的彗星很有可能是今天地球上生命的源头。

酷的设备。通过向目标发射（强烈的）激光，该仪器可以击碎岩石和土壤，再通过原子发射光谱法就可以测定组成岩石的元素。“好奇”号还安装着阿尔法粒子（H^{2+}粒子）X射线光谱仪（APXS），以便检测组成样本的元素。如果美国宇航局的科学家不仅仅想知道样品由什么元素组成，那么还可以使用四极质谱仪测量离子气体和有机化合物的质量。

▶ 太阳由什么组成？

太阳由非常热的气态元素组成，主要是氢和氦，还有少量的氧、氮、碳、氖、铁、硅和锰。因为它是如此之重，所以太阳会产生非常强大的引力，导致内部有很高的压力与温度，尤其是太阳的核心区域（1 500万摄氏度）。这些极端条件会导致两个氢原子核聚变，生成一个氦原子。太阳的另外两部分是辐射层（中间层）和对流层（最外层）。

下表列出了太阳中元素的相对丰度。总共有至少六十七种元素被确定存在于太阳中。下表列出了丰度最高的前十种。

太阳中丰度最高的元素

元　素	原子百分比	质量百分比
氢	91.2	71.0
氦	8.7	27.1
氧	0.078	0.97
碳	0.043	0.40
氮	0.008 8	0.096
硅	0.004 5	0.099
锰	0.003 8	0.076
氖	0.0035	0.058
铁	0.030	0.014
硫	0.015	0.04

太阳为什么会发光?

太阳核心部分发生的核聚变过程会以光子的形式释放能量。在太阳的核心，释放的光子与其他原子碰撞后被吸收，然后依次释放出额外的光子。这个过程可能会重复上百万次，然后太阳表面的光子被释放到太空中。

需要说明一下，每种物体都会以类似这种方式发出辐射，至少是在某种程度上——当然地球上的物体不会像太阳那么热。甚至你自己的身体也会释放电磁辐射，不过你身体释放出的光子处于光谱的红外区域，我们的眼睛就观察不到它们的存在。但是，红外摄像机可以利用人身体发出的光子定位人的位置（或动物）。

太阳以外的恒星是什么元素组成的?

太阳只是很多很多恒星中的一个。尽管不同的恒星有着范围广泛的不同温度与大小，其实都是由组成太阳的类似元素组成。当然，各个恒星中元素的相对含量并不相同，但是，主要存在的元素都是氢和氦。

随着恒星年龄增长，会发生什么化学上的变化呢?

随着恒星年龄增长，不断地发生氢的核聚变产生氦。经过时间推移，氦的含量增加而氢的含量减少。为了持续进行核聚变反应，恒星随着年龄增长温度变得更高，更加明亮。恒星也不断释放出一小部分的质量，会产生太阳风（或恒星风）。对于太阳来说，这是极其少量的物质，所以不用担心它会不会很快消失。最后，随着恒星年龄增长，慢慢使元素变得都比氦重。这往往通过测量恒星中铁与氢的比值来衡量。铁不是恒星中最丰富的重元素，但它是最易于被探测到的重元素。

我们的太阳是独一无二的吗？

并不算独一无二，除了地球正绕着它公转。它是一颗有着普通大小的黄矮星（半径6.960×10^8米，质量1.989×10^{30}千克，表面温度5 227 ℃～5 727 ℃）。

其他行星上有水吗？

有，虽然大多数情况下，其他星球上的水主要存在形态不是液态的（地球的水主要是液态）。在一些行星上，大气中可能有微量的水蒸气；行星表面会有冰川，核心附近会有高温的离子水。也许有些行星表面有液态水，但是人类现在并没有发现存在很多液态水的行星。

什么是星系？

星系是由恒星、行星、气体、尘埃以及其他许多星际介质组成的巨大体系。我们居住的星系称为银河系。星系中有很多恒星，最少的大约有一千万个，最多的有一百兆个！星系中的所有物质，都围绕着星系的质量中心（质心）旋转。

银河系有多少恒星？

天文学家目前认为，我们的星系银河系中有两千亿到四千亿颗恒星。

太阳系中最热的是哪颗行星？为什么这么热？

金星是最热的行星，平均表面温度高达481℃。它是第二接近太阳的行星，水星轨道比金星的更接近太阳。有趣的是，金星上的高温是由温室效应造成的，金星大气层中的二氧化碳含量很高。

大爆炸理论是什么？

大爆炸理论是一种模式，试图解释宇宙是如何形成的。大爆炸理论认为，我们所知的宇宙是由一个致密炽热的奇点于40亿年前的一次大爆炸后不断膨胀形成的。这一理论基本与我们对周围已知宇宙的所有观测结果一致。这些观测到的事实包括：宇宙正在不断膨胀和宇宙中存在丰度很高的轻元素。但是这一理论同时也存在一个无法解释的问题：最初的状态是怎么产生的，最初的奇点是怎样产生的，并且为什么会是致密炽热的状态？抱歉，我们回答不出这个问题，大爆炸理论也无法解释这一点。确切来说，大爆炸理论只专注于解释宇宙的演化——从最初状态到今天，以及未来的发展。

▶ 是否有宇宙大爆炸理论的替代理论？

的确有。虽然大爆炸理论可能是有关宇宙起源最广为人知并认可的理论，但是还有其他正在探索并完善的理论。其中一些比别的更加科学，你可以通过互联网找到很多不同的见解。有一种非常值得注意的替代理论，它认为宇宙按照一定的周期不断地扩张和重生。扩张期类似于大爆炸理论的描述，接下来的

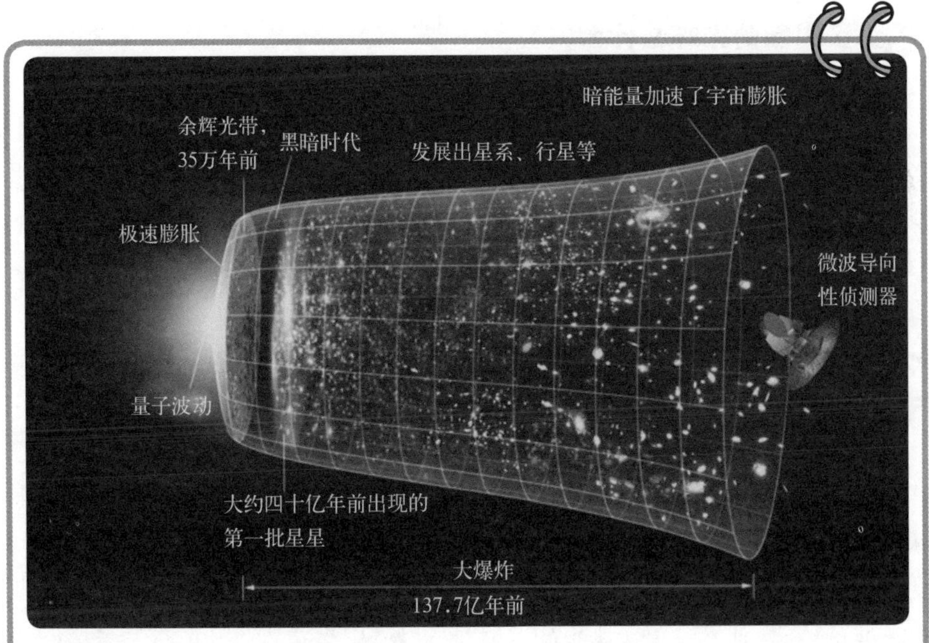

宇宙大爆炸理论认为，宇宙由大约40亿年前的一个奇点迅速膨胀，最终形成恒星、行星等所有的一切

时期宇宙会再次成为一种致密的凝聚态物质,然后再次开始膨胀。

▶ 黑洞是什么?

黑洞是一个空间区域,引力强到没有任何物质与辐射能够逃脱,包括光!黑洞的大小有时用一个称为“事件视界”的假象表面来描述,一旦进入这个视界,就没有什么能够逃脱引力作用。

▶ 宇宙飞船用什么燃料供能?

“奋进”号航天飞机在2012年9月进行了最后一次太空航行,主要使用氢、氧、联氨 (N_2H_4)、甲基联氨 (CN_2H_6),还有四氧化二氮 (N_2O_4) 作为燃料。当起飞的时候,太空飞船携带了835 958加仑 (3 164 445升) 的燃料,总重量约为1 600 000磅 (约725 748千克)!

▶ 土星周围的光环是什么?

你可能听说过,或是看过土星光环的照片。这些环平均约有二十米厚,由93%的冰和约7%碳组成。这些环中的颗粒尺寸分布范围相当大,包括从微尘到十几米长的大块物质。实际上,环的来源并没有完全弄清楚,这些物质可能来自毁灭的卫星,或是形成土星时遗留的物质。

▶ 金属在外太空会生锈吗?

有些种类会。在外太空,生锈的方式与地球上的不同,因为水的量与存在方式不同。在地球上,铁生锈是因为铁与水分子相互作用将金属原子氧化成为金属氧化物。仔细思考一下,很明显,在地球上金属生锈必须存在氧原子的供给。在外太空,几乎没有漂浮的氧气或水,所以这个反应不可能按照相同机制快速进行。通常认为,在太空中存在非常少量的水 (H_2O) 或氧气 (O_2) 会参与金属的光化学反应产生金属氧化物,例如铁锈 (Fe_2O_3)。科学家可以通过研究地球上的含铁陨石来了解太空中的金属生锈的速度。

外太空的温度是多少？

对于所有的外太空，其实并没有一个统一的温度；更接近于恒星或行星的区域会比较温暖（至少是相对温暖）。不过平均来说，温度只有3开，也就是-270 ℃。外太空非常冷，所以人类不能长时间地漂浮在太空中（即使可以呼吸）。

科学家如何测定恒星的距离？

这个问题的答案在于三角学的应用。天文学家可以在一个给定的时间观测一个恒星，然后几个月后，当地球在绕着太阳的轨道上移动了一段实质性的距离之后，再次观测这颗恒星。这使天文学家可以从不同的角度观测恒星。对比这两种不同角度观测到的图像，就可以得出这个恒星离我们有多远。

如果一颗恒星碰巧非常非常远，第一种方法将不准确，不过幸好还有别的方法。如果天文学家测量恒星的可见光光谱，我们就能够得到它的实际亮度（确切来说就是当你在最靠近恒星的地方所观察到的亮度）。这种两者间的对比关系并不是完全直接的，只有研究了数千个恒星的数据之后才能建立。一旦科学家知道了恒星的实际亮度，就可以对比地球上观察到的亮度来决定它的距离。

我们需要多久才能看到恒星发出的光？

为了弄明白我们看到的光是恒星多久以前发出的，需要知道恒星有多远以及知道光的速度（大约3×10^{8}米/秒）。太阳距地球大约15×10^{7}千米，我们可以算出，到达地球的太阳光是太阳在8分钟前发出的。另一个离地球最近的恒星要远得多，大约距地球410×10^{11}千米。这意味着光离开这颗恒星，需要超过4年的时间才能到达地球上的望远镜。这可是除太阳外最近的恒星，其他的距离更为遥远。这意味着，当我们看到一颗恒星爆炸的时候，其实爆炸早已在多年前就已经发生了。

总共有多少颗恒星？

这很难准确回答，但我们可以给出一个非常粗略的估计。在银河系中，大约有10^{11}到10^{12}颗恒星。如果考虑到总共大约有10^{11}到10^{12}个星系，假设其他星系与我

自从冥王星在1930年第一次被发现以来,一直有一些不确定的问题在困扰着科学家。这些问题包括它的特性以及它该怎样与太阳系中其他被定义为行星的天体进行比较。在很大程度上,是冥王星过小的体积导致了它从行星天体这一归类中被移除。

根据国际天文学联合会,行星按以下方式定义。

行星是一种天体:(a) 转动的轨道围绕着太阳;(b) 有足够大的质量,自重力能够克服固体应力以达到流体静力平衡的形状 (近于球形);(c) 已清除轨道周围的区域 (公转轨道范围内不能有比它更大的天体)。

冥王星符合 (a) 和 (b) 标准,但是它会定期地遇到更大行星海王星的轨道,这是冥王星不再归类为太阳系行星的技术原因。值得注意的是,这项决议遭到了一些批评,因为甚至是地球,也会很有规律地在公转轨道上遇到其他小行星。

们的银河系相似,那么总共就会存在10^{22}到10^{24}颗恒星。显然是数不过来的啦!

太阳黑子是什么?

太阳黑子是太阳上看起来比较暗的短暂出现的点。这些点是由磁性“风暴”引起的,磁性“风暴”阻碍了太阳表面的热对流。这导致出现了相对低温的区域。这些点直径可达50 000英里 (80 467.2千米) ,这样即使没有望远镜,也可以从地球上观测到 (但这可不是让你直接去看太阳) 。

地球在太空中运动的速度是多少?

考虑到银河系的运动,太阳系在银河系内旋转,地球在太阳系内转动,估计

为什么在月球表面留下的足迹会持续很长时间？

与地球上的情况不同，月球上没有风（或极少），所以灰尘不会被吹起来覆盖在宇航员的脚印上。所以，人类最初到达月球时留下的脚印至今还在那里。

地球正以大约每秒500千米的速度移动。当然，我们周围的一切都在以这个速度移动，所以我们感觉不到。

天体生物学是什么？

天体生物学主要关注于寻找地球以外的生命迹象。这并不是真的在寻找我们星球附近的外星人，而是重点在于寻找太空中任何当前或之前存在过的生命迹象，哪怕是最小的生命形式（比如微生物）。

什么是生物特征？

生物特征是一定距离之外生物体发射出的一种化学信号。包括与生命形式相关的化学结构或者生物量以及废物的积累量。

宇宙超级气泡是什么？

宇宙超级气泡是多个彼此相对接近的恒星在相同的时间消亡而产生的一团炽热气体。这种情况会导致距离范围跨越数百光年的爆炸。一光年是光在一年时间中穿越的距离，这真的是相当巨大的爆炸。这类爆炸产生的光通常不在可见光范围内，所以它们一般不能用肉眼观测到（更不用说距离也实在太远了）。

▶ 什么是射电天文学？

射电天文学家利用无线电波研究外太空的状态和变化（相对于普通望远镜使用可见光波段的光线）。这种方法有很多优点，但其中最明显的优点是，射电天文学家全天都可以进行观测，而普通天文学家只能在晚上进行观测。射电天文学依赖于监测来自外太空的微弱电波信号，并且处理这些信号来得出天体的位置，以及这些遥远的位置所发生的情况。

八 厨房里的化学

▶ 化学家们是否真的会研究食品化学?

会的,他们真的会! 甚至还有一本专门致力于报道食品及食品原材料在化学和生物化学领域新发现的专业科学杂志——《食品化学》(由爱思唯尔出版集团出版)。

▶ 什么是美拉德反应?

美拉德反应实际上是技术层面上的“非酶褐变”,基本上包括了在烹饪时发生的所有种类的褐变,但不包括削好的苹果逐渐变色情况。从化学层面来说,这是一种氨基酸和糖在加热时发生的反应。由于在这些过程中发生的化学反应和所形成的化学物质数量庞大,所以你不能说美拉德反应是某一系列的化学反应。肉的褐变、大麦制造麦芽啤酒、咖啡的烘焙和面包表皮的褐变等现象都涉及这一化学反应过程。

▶ 焦糖化和美拉德反应是一回事吗?

焦糖化的过程是糖分子加热 (热解) 的断裂,而美拉德反应需要氨基酸 (蛋白质) 参与。焦糖化,和美拉德反应一样,也是用于描述在同一时间发生数百种不同的化学反应的一个术语。

小苏打如何使饼干更加好吃?

小苏打是碳酸氢钠 ($NaHCO_3$)，一般在烹调过程中用作膨松剂 (有助于物质膨大)。它通常在酸性物质的存在下,如乳酪、醋、柠檬汁、酒石粉等,会释放出二氧化碳 (CO_2)。这个化学反应过程随着温度增高而加快。一旦你将饼干放入烤箱,碳酸氢钠便开始分解,二氧化碳开始在面糊里产生出微小的气泡。这些微小的气泡会存留在饼干内部,使之变得更轻而且更加蓬松。

小苏打和苏打粉的区别是什么?

苏打粉是三种物质的混合物:小苏打、一种酸和一种填料剂 (通常是玉米淀粉)。酸是在配方中放置的乳酪或柠檬汁 (见前一个问题),为了使碳酸氢钠释放二氧化碳。淀粉是用来使小苏打和酸在加入你的饼干和发生化学反应之前,都保持干燥的状态。

如果小苏打和苏打粉是不同的,我怎么用其中一个来替换另一个呢?

由于苏打粉是稀释后的小苏打和酸,如果你的食谱要求使用苏打粉,而你只有小苏打,你只需要使用较少的小苏打,并加入酸。一般的比例是三个单位苏打粉等于一个单位的小苏打和两个单位的酒石粉 (或用其他酸代替)。

用哪些化学物质来保存食物?

市面上有两种主要的食品防腐剂:一种用于抗氧化过程,另一种则主要作用于抑制细菌或真菌的生长。第一类被称为抗氧化剂,这些分子通过与氧发生反应而起作用。不饱和脂肪是氧的作用目标,因此会导致食物酸败。抗氧化剂提供给氧分子一个更容易的目标去攻击,防止氧在其他方面造成严重破坏。天然抗氧化剂包括诸如抗坏血酸 (维生素C) 的分子,市场上也有许多非天然的抗氧化剂。

第二类防腐剂是那些阻止细菌和真菌 (如霉菌) 生长的。这类防腐剂是可以被细菌细胞吸收的酸性分子。如果有足够的酸进入细菌细胞内,基本的生化

功能 (比如葡萄糖发酵) 变缓到足以使细菌死亡,使食物保持新鲜。

什么是塔塔粉?

塔塔粉的学名是酒石酸氢钾,也就是说酒石酸的一个氢离子被钾离子代替。化学结构在下图中显示。如果你曾经看到葡萄酒中有些结晶体 (甚至是在新鲜的葡萄汁中存在) ,那么这些结晶体很有可能就是这类化学物质。

O　OH
$O^{\ominus}$　$K^{\oplus}$
HO
OH　O

果冻里的什么物质使得它们形成了如此动荡且不稳定的外形状态?

明胶,是在肉和皮革 (主要是猪皮) 沸煮过程中所产生的副产品,是蛋白质和短肽的混合物的名称。正是它的存在使得果冻形成了外形状态不稳定的样子。肽键之间的氢键使明胶在水中形成,这就是大家较为熟悉的凝胶的物理结构。这些氢键能被热打乱,这就是为什么果冻液被浇入模具之前需要被煮一下;一旦它冷却下来,它的模具形状就会成就果冻最终的物理形态。

明胶,果冻的主要成分,由从被煮沸的皮革和肉类中提取的蛋白质和肽组成,美味极了

如何用果胶凝胶做果冻?

果胶是存在于植物的细胞壁中,有助于植物细胞生长并能与周边细胞紧密

结合的多糖物质。在商业活动中，果胶大多是从柑橘皮中提取，有时也会采用其他植物。果胶是胶凝剂，有助于果酱和果冻的制作和成形，同时能够黏稠地涂抹在面包片上。这是因为果胶的存在可以充分利用类似于保持植物细胞们紧密结合在一起的机制。糖分子链 (多糖) 可以形成链间键，产生一种弹性网络，例如凝胶或果冻。

为什么一些水果和蔬菜切开后会变成褐色？

当你切开一个苹果、土豆，或其他水果，部分细胞内的物质会泄漏出来，各种细胞系统被暴露在空气中。造成水果褐变的关键角色是酪氨酸酶，是具体参与酪氨酸的氧化和苯酚类化合物的酶。酪氨酸酶在黑色素的产生中扮演两个关键的角色。黑色素是在植物和动物中发现的各类色素的统称。所以一旦酪氨酸酶从细胞中渗漏，它被暴露于氧气和酚类化合物之中，在这两者的作用下就会生成褐色色素。

为什么柠檬汁能防止水果褐变？

如果你把柠檬汁洒在切开的水果上来防止褐变，这就是之前所提到的第二种防腐剂的实例——减慢酶催化的过程。维生素C可以降低pH值 (因为它是一种酸)，减缓了酶 (多酚氧化酶和酪氨酸酶) 作用于水果褐变的过程。

为什么洋葱会让人流泪？

亚磺酰基丙烯是使人产生眼泪的主要化合物 (技术术语：催泪剂)，此物质在你切开洋葱时会被释放出来。这个过程中最有趣的部分是你切洋葱之前这种化学物质并不存在于洋葱内部。事实上，这种催泪分子的产生，是植物自身的防御系统发展出来的用来防止被动物吃掉的功能。当洋葱被切开时，或被动物啃咬时，被安全存储在植物细胞中的一种酶——蒜氨酸酶被释放，并开始肆虐破坏。此时，蒜氨酸酶会将亚砜转化为亚硫酰基组，正是它让你“哭”得像个孩子。

▶ 切洋葱时有什么好办法可以不使人流泪?

每个母亲似乎都有自己的关于切洋葱时如何避免流眼泪的独特建议,但这里只有一个有着化学意义(除去戴着防毒面具):把洋葱放在冰箱里冷藏后再切它。几乎所有的化学反应在较低温度下会变慢。因为催泪剂在洋葱中产生(而不是天然存在于洋葱),所以当你切开被冷藏过的洋葱时,你就给自己争取了更多不流泪的时间。

▶ 精糖与粗糖有何不同?

精糖是由经过一系列步骤提纯的粗糖,这些步骤最后使糖浆结晶成白糖晶体。对是否粗糖比精糖对人的健康更加有益的争论仍在继续,但单就化学层面上来说,精制糖只是比粗糖更纯的糖。

▶ 甜菜的糖和蔗糖有什么不同呢?

甜菜的糖来自甜菜。蔗糖来自甘蔗。在这两种糖的纯化(精炼)后,两者之间不存在化学差异。

▶ 什么是糖浆呢?

糖浆是提炼蔗糖的副产品。在结晶步骤中,剩下的棕色液体被浓缩成为糖浆。你很可能已经在烹饪或烘烤中用到过蔗糖的糖浆。甜菜糖浆有很多其他的化学物质,它的味道对我们来说很难接受,但不是所有动物都介意,所以它也是一种常见的动物饲料添加剂。

▶ 什么是代糖?

代糖是人造甜味剂的商品名称,如阿斯巴甜(NutraSweet®)和甜味素(Equal®)等。三氯蔗糖是代糖(Splenda®)的重要成分,但不同于天然的糖分子,三氯蔗糖不会被代谢,它实际上是零卡路里的。它是由普通食用糖选择性地用

3组羟基与氯原子交换所形成。

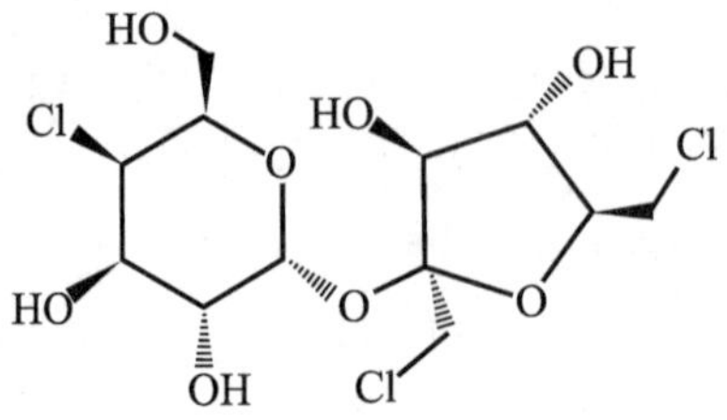

三氯蔗糖

甜菊是什么?

甜菊是一种人造甜味剂的商品名称,也是提取这种甜味剂的植物的名称。甜菊是这类甜味剂的基本结构,但当糖分子附着在甜菊醇上 (形成甜菊糖苷) 时,其甜度比普通的糖猛增了数百倍。这种甜味剂在中南美洲已经被使用了几个世纪,日本自20世纪70年代开始使用。在美国,只有近几年它的纯化化合物 (商品名 Truvia®) 才开始被使用。甜菊的植物原料提取物并未在美国获得批准使用。

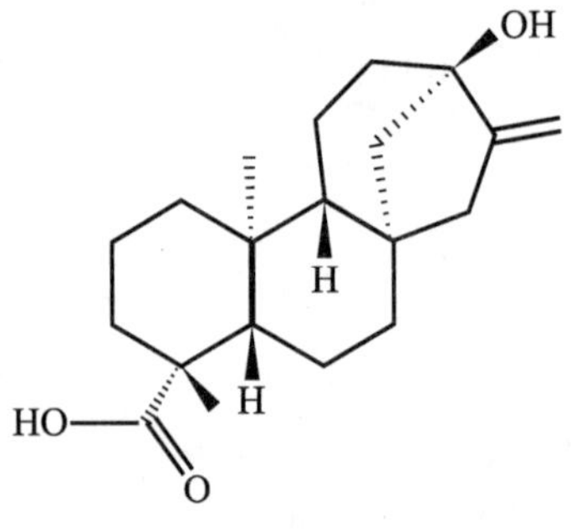

甜菊醇

好了,最后一个有关甜味剂的问题——什么是玉米糖浆?

玉米糖浆是通过在酸性水溶液加热玉米淀粉来制成的,也可以通过加入一种酶来分解长淀粉分子形成形式更为简单的糖的方式来获得。从化学上来说,它主要是麦芽糖,这是一种双糖 (两个葡萄糖分子粘在一起) 与少量较大的糖分子 (低聚糖) 相伴。高果糖品种是通过另一种酶把普通玉米糖浆的葡萄糖转化为……来,猜一猜! 对,没错,就是果糖。

肉的盐渍过程会发生什么？

将肉浸泡在盐溶液 (盐渍的定义) 中可以帮助溶解肉类表面的蛋白质，有利于分离构成肌肉 (肌原纤维) 的长的细丝；而使用足够量的盐还可以将肌肉纤维断开。这两种效应会让肉看起来更为细嫩。此外盐使蛋白质保住更多的水，这有助于防止肉类脱水干燥。

黄油中去掉什么物质才能制造出无水黄油？

蛋白质和水。无水黄油是在低温下融化普通黄油制成的。制作过程中会形成三个层次：顶部形成的泡沫层中含有从牛奶中获得的蛋白质 (用来制作奶酪的酪蛋白)；中间层是水和溶解的牛奶糖，像乳糖；底层是油脂和乳脂，也被称为无水黄油。你可以通过长时间低温加热黄油蒸发除去水分，然后滗析或过滤掉乳脂。无水黄油不含蛋白质，所以它具有很长的保质期。此外，它也不含有乳糖，所以乳糖不耐受的人也可以食用这种黄油。

不粘烹饪喷雾剂的工作原理是什么？

这并没有你想象的那样神奇。烹饪喷雾剂就是普通的植物油的雾化形式。要得到喷射出的那种细雾，就需要添加乳化剂，并且灌装的罐子需要某些东西作为推进剂 (通常是醇、二氧化碳或丙烷) 。

如果烹饪喷雾剂只是油，那么怎么可能零热量，不含脂肪？

烹饪喷雾剂可以喷一层比你倒入的普通植物油更薄的油层。FDA规定，小于5卡路里的热量和小于0.5克的脂肪在任何食品物质中都可以标示为不含热量和无脂肪。所以烹饪喷雾剂厂商调整建议使用量，这样建议使用量中所含的脂肪就低于FDA规定的最小量，因此就可以被宣传为不含热量和脂肪。这样一来，你的喷雾罐中含有数百次的使用量。如果不相信，你可以去仔细看看喷雾罐的说明。

方便面已经被预煮过，并通过快速油炸的方式变干。通过这种方法，它们可以长期存储并快速在热水中煮熟

方便面是如何熟得这么快的?

因为它们已经是熟的！方便面是由安藤百福于1958年在日清食品厂工作时发明的。面条通过快速油炸，这样干面条不仅能有一个很长的保质期，还能够在几分钟内完成烹饪过程。

什么是均质牛奶?

均质牛奶是指不会发生分层的牛奶。通常，奶油会从牛奶中分离出来，在奶瓶的顶部形成一层奶油层。这显然不是瓶装牛奶的理想状态。因此为了防止这一现象的发生，牛奶会进行增压处理。在压力的作用下，小的脂肪团被分解成众多更为细小的碎片。这些微小的脂肪团达不到一定的条件是不会发生重组的，所以保证了牛奶在其整个货架期不会发生分层现象。

是什么让鱼有鱼腥味?

新鲜的鱼是没有腥味的。只有当鱼体内的蛋白质和氨基酸开始分解，释放出带有臭味的氮和硫的化合物，腥味才会出现。这种腥味在腐烂的鱼身上比在鸡肉、牛肉或猪肉上更常见的原因是：鱼经常食用其他鱼类，所以它们的消化系统中含有能分解鱼体中蛋白质的酶。所以，如果这些酶有所泄漏，或者如果你没有快速清理鱼的内脏，这些酶就会开始对携带它的鱼体“展开”工作……此外，鱼通常具有较高的不饱和脂肪，这比饱和脂肪氧化稳定性要差一些。而诸如柠檬汁一类的酸可以减缓酶的作用，并转换成气味小的铵盐。这可能就是为什么我们都习惯了在鱼身上洒些柠檬汁

▶ 在烧水时，为什么海拔和水的煮沸时间长短有关？

如果你在美国丹佛煮开水，水沸腾的温度会比你在迈阿密烧的开水约低5℃。因为丹佛的海拔高度约1英里（1 609米），空气中大气层对水向下的压力比海平面附近弱。水沸腾时的温度会比平常低，所以在更高海拔的地方，你需要增加烹饪时间。

▶ 为什么压力锅可以加速烹饪的过程？

如果丹佛低气压造成水的沸点降低，而需要增加煮沸时间，那么如果提高水的沸点会发生什么呢？这就是高压锅的原理。一旦你开始加热水，由于压力锅内部环境密封，所以锅里面的压力增加。压力的增加相应地提高了水的沸点，因此每一个水分子从水到蒸汽的过程中具有更大的推动力。通过增大锅内的压力，压力锅可以提高水的沸点到约120℃（250°F）。水在较高温度下沸腾，食物所需要的烹调时间就会变短。

▶ 热水真的比冷水结冰更快吗？

答案是有可能。这种现象被称为“姆潘巴现象”，它是以一名坦桑尼亚学生的姓名而命名。能否亲眼目见这种现象则取决于许多的变量（容器的尺寸和形状、两种液体的初始温度和冷却的方法），以及对液体达到冷冻程度的定义（是第一个冰晶形态出现时，还是当水的顶部形成固体层，或是当所有水都已凝结成固体），所以直到目前这种效应的存在与否依然无法明确。

▶ 烹调时加入的酒是否会在烹饪过程中全部蒸发掉？

答案是不一定。当你做意粉酱时加入的红葡萄酒的酒精会迅速蒸发是个常识。这种认知是基于乙醇具有低于水的沸点的这一事实基础。但研究人员已经证明，即使经过一小时的烹饪时间，所添加的25%的酒精仍保留在酱汁中。如果你真的想要一个无酒精的酱汁，那么你煨制的时间最少需要两个半小时。

什么是冻灼现象?

当放入冰箱冷冻的食品没有被恰当包装好，食品中的水分会析出并结晶，也可能发生氧化。但它仍然是可以安全食用的食物，虽然它的外表已经无法引发任何食欲

当冷冻食品因包装不当而导致脱水，产生冻伤的现象。冰箱中的湿度通常是相当低的，因此，如果食物没有存储在气密包装中时，食品中的水会通过升华而被吸到冰箱中。此外，由于食品被暴露在空气中，会发生氧化，但在低温冷冻下，这些反应进行得相当缓慢。值得庆幸的是，尽管冻伤不太好看但不会造成食品安全问题，它只是引发了变色现象。

为什么我们不能把生鸡蛋在冰箱冷冻?

如果将生鸡蛋去壳，是可以放入冷冻保存的。因为生鸡蛋中的液体在冻结时体积变大，它会将壳挤碎，所以不要把带壳的蛋直接放入冰箱冷冻。

绿茶、乌龙茶和红茶是由不同植物制成的吗?

不，所有的茶是由同一种植物——茶树的叶子制成。但所有的茶不包括药草茶，药草茶应该更准确地被称为浸渍饮品。不同类别的茶使用不同的制茶工艺来进行一系列萎凋、炒制、晾晒等步骤。绿茶是未经发酵的茶叶，它保留了新鲜茶叶的天然化学物质。红茶是在高温和高湿度下通过氧化处理，然后进行干燥。乌龙茶是介于绿茶和红茶两者之间：茶叶在氧化处理后停留几天萎凋而制成。

是什么能让碗在微波炉里安全加热?

不幸的是,这个实验的唯一定义:容器在微波炉加热食品时没有变热,便是安全的。记住,微波炉对食物的加热是通过具有偶极矩分子的来回翻滚而实现。如果容器有任何这样的分子,它会在微波炉加热的时候变热。如果有水已经进入了陶瓷杯,它就会被微波加热。不管容器自身是否变热,你加热的食物会升温变热,热量传递到碗里,因此当将热的东西取出微波炉时要小心。

是什么让线状奶酪变成线状?

在美国,线状奶酪通常是马苏里拉奶酪(有时也有一些切达奶酪)。生产过程中需要将融化的奶酪在单一方向上伸展和折叠。这种拉伸将奶酪中蛋白质重新调整排列,从而使得它们能够剥离成为长线结构。

棕色鸡蛋和白色鸡蛋之间的区别?

除了鸡蛋颜色的区别,唯一的不同就是下蛋鸡的颜色不同。白色羽毛的鸡下白色壳的蛋;褐色羽毛的鸡下褐色壳的蛋。区别就这么简单。假设鸡吃的饲料都是相同的,那么两种颜色的鸡蛋在其他各个方面都是一样的。

为什么煮熟的鸡蛋可以旋转,而生鸡蛋不转?

煮熟的鸡蛋是实心的,所以当你旋转鸡蛋,能量作用于整个鸡蛋而旋转。而生鸡蛋的蛋黄在鸡蛋内部可自由移动,因此当你旋转生鸡蛋时,蛋黄移动到蛋壳边缘,而这种移动会消耗一些外界所施加的能量。另一个你能够观察到的两种鸡蛋的不同是:两种鸡蛋在旋转中停止下来的过程也有所不同。停止旋转中煮熟的鸡蛋,整个鸡蛋从内到外都会停止旋转,因为蛋黄被裹在煮熟的固体蛋白中;但是将生鸡蛋停止旋转后,内部的蛋黄还是在转圈。所以如果你把手指离开刚刚停止旋转的生鸡蛋,它自己会再次开始转动。

为什么煮熟的蛋黄会变绿?

当加热蛋清时,少量的硫化氢 (H_2S) 会从含硫氨基酸如胱氨酸或蛋氨酸中释放。如果硫化氢 (H_2S) 迁移到蛋黄,它会与铁原子结合以产生硫化亚铁 (FeS),它与亮黄色的蛋黄混合后会将其颜色变深看起来像绿色。硫化铁 (Fe_2S_3) 也可能在这个过程中形成,而它本身也是一种黄绿色物质。然而,相对另一个色彩搭配的理论来说,这一理论所获得的支持数较少。

自发粉中是什么使得它自我膨胀呢?

添加到面粉中的苏打粉和盐能够将面粉神奇地转化为“自发粉”! 好吧,我承认这确实算不上什么神奇的现象!

为什么石灰会在我的墨西哥玉米饼中出现?

首先,让我们澄清一个问题:在这里谈论的是传统的墨西哥玉米饼,而石灰指的是氢氧化钙溶液。在历史上,玉米饼是由所谓的碱法烹制玉米制作而成。所谓碱法烹制就是将玉米浸泡在氢氧化钙碱性溶液中。这种制作方法可以追溯到约三千年前的阿兹特克和玛雅文明。由于其古老的起源,它是如何发明的目前尚不清楚,但为什么它流传下来的原因却很明显。玉米缺乏人类饮食所需的重要的一类维生素,它不具有烟酸也就是维生素 B_3。如果无法从饮食中摄取足够的烟酸就会导致糙皮病 (就像如果你缺乏维生素C,你会得坏血病) 的发生,会出现一些可怕的症状。显然,如果你的饮食文化中的主食是玉米,这将成为致命的问题。也就是出于这一原因,阿兹特克人或玛雅人不知道怎么想到了用强碱烹煮玉米来防止糙皮病的办法。现在我们已经非常明确地了解了这一方

烟酸 (维生素 B_3)

法存在的化学原理：玉米中无法直接获得的烟酸，可以通过强碱的作用而释放出来。

为什么要在金枪鱼中添加一氧化碳？

切开的金枪鱼的肌肉暴露在氧气中，慢慢地鱼肉的鲜红色变为暗棕色。这是因为含铁的酶（肌红蛋白和血红蛋白）中的二价铁Fe（Ⅱ）被氧化成三价铁Fe（Ⅲ）的结果。寿司爱好者认为，新鲜的金枪鱼肉应该是鲜红色的，并会怀疑任何棕色的鱼肉的新鲜度。因此，海产品行业想到的对策就是在包装步骤的某个时刻加入一氧化碳。一氧化碳的存在不仅减缓了氧化的速度，延长了保质期，而且还提亮了鱼肉的红色。这一过程的原理是因为一氧化碳更有效地锁住了二价铁Fe（Ⅱ）。但对消费者来说，风险不是存在于他们被暴露在一氧化碳之中，而是存在被愚弄的可能性。因为在此种情况下，基于鱼肉颜色的判断可能会发生错误，所吃到的鱼并不是想象中的那么新鲜。

什么是烟液？

它实际上正如从字面上听起来的这样疯狂。把燃烧的木材产生的烟吹入凝结器，负责收集很多烟中的挥发性化学物质，之后将该混合物用水稀释。它用于制作许多腊肉风味的食物。

酸橘汁腌鱼真的能被柠檬汁腌熟吗？

通过用酸性物质和加热的方法来对食材进行处理的原理是相似的，当然它们不会完全一样。在热和酸的作用下，食物中的蛋白质的性质发生了变化，也就是说分子形状发生了改变。在形状改变之后，分子能够迅速找到新的方法来与其自身以及与其他蛋白质分子相互反应。这些新的被释放出的蛋白质迅速形成一张坚实的网，这就是为什么加入柠檬汁后鱼肉变得更坚固、更白。也是在同样的原因下，鸡蛋清中加入柠檬汁会变成不透明，并且变得更坚韧。

生虾呈现浅灰色，但在煮熟之后会呈现明亮的粉红色。这是因为称为虾青素的红色分子仍保留在虾壳中，而其他不太稳定的色素在加热过程中被分解了

为什么虾煮熟时会变色？

解释之前，需要提醒的一点是，不是所有的虾都是在生的时候呈现灰色，被煮熟之后则呈粉红色。有一种猜测认为是因为在虾被加热的过程中生成了一些红色的化合物。而实际发生的则是：加热过程中，虾的外壳中更强烈颜色的色素被分解了，同时负责呈现红色的化合物则表现得相对稳定。这些红色分子被称为虾青素，它不仅存在于虾壳，同时也是三文鱼肉呈红色的原因。

九 在家里能做的化学实验

很多有趣的化学实验，都可以在自己家里进行操作！虽然我们不能把这本书中的每一个化学原理都用家庭用品进行实验，但是会竭尽所能地用厨房中的材料展示基本的化学原理（主要有关基础化学实验工作）。

如何在家进行色谱实验？

实验用到的化学原理：

- 提取
- 过滤
- 色谱

需要的材料：

- 外用酒精（250毫升）
- 带盖的小罐子（婴儿食品的罐子就可以）
- 树叶或植物的叶子（5种就可以）
- 咖啡滤纸
- 装热水的锅
- 厨房器皿

实验步骤：

1. 把叶子撕成小块，将每片叶子的碎片装进对应的小罐子里。
2. 每个罐子里加少量的外用酒精，使得叶子刚好被外用酒精浸没。

3. 盖上盖子，把小罐放入热水中30分钟，如果水慢慢变凉了请再加入烧开的热水。每5到10分钟，晃动小罐中的酒精。

4. 30分钟后，叶子中的色素会溶解，并使酒精呈现颜色。在这里酒精的作用是：萃取叶子中色素的溶剂。

5. 将小罐盖子打开，将剪成长条的咖啡滤纸放入罐子中，一端放在酒精中，一端放在罐外。

6. 这些不同类型的色素会在滤纸上移动不同的距离。你可以通过滤纸上不同的颜色区域来观察到色素分离现象。请注意，这个过程与我们在"现代化学实验室"一章中讲到的基于极性或是其他化学特性的分离过程有些不同，与硅胶色谱柱不同，滤纸没有强烈的极性，因此不会与极性色素分子产生强烈的相互作用。

7. 取出纸条并晾干，通过比较不同化合物之间的相对距离（化学术语：保留因子），你能够看出不同的叶子是否含有不同的色素。你也可以尝试利用酒精萃取其他东西，比如墨水、食物或饮料。

8. 尝试设计一个可以用该实验验证的假设，比如不同的植物是否含有相同的色素，或者马克笔和钢笔是否含有相同的墨水。

怎样制作黏土（软泥）？

实验用到的化学原理：

- 氢键
- 合成
- 高分子化学
- 交联

需要的材料：

- 水
- 埃尔默胶（约120毫升）
- 硼砂粉（4到5汤匙）
- 碗
- 量杯
- 小罐子（不需要盖子）

- 勺子或搅拌工具
- 食用色素 (可选)

制作黏土的关键成分是埃尔默胶与硼砂粉。胶中所含聚合物的氧原子会与硼砂粉中的氢原子发生联结(照片由吉姆·福代斯拍摄)

实验步骤:

1. 将大约120毫升的白胶水倒进罐子里。这种胶水含有若干成分,包含聚合物聚乙酸乙烯酯和聚乙烯醇。聚乙酸乙烯酯含有氧原子,可以作为氢键受体;聚乙烯醇含有羟基,可以作为氢键供体,也可作为受体。

2. 加入半杯水 (约120毫升),并搅拌至与胶充分混合。需要注意的是,胶水中已经含有水,我们只是再增加一些而已。

3. (可选) 在混合物中加入食用色素,可以为你的黏土加上颜色。

4. 在碗中倒入一杯水 (约240毫升) 与4—5汤匙硼砂粉,充分搅拌。这是在准备硼砂溶液,便于将它加入准备好的胶水混合物。

5. 然后，将胶和水的混合物慢慢地倒入硼砂溶液中。

6. 一边混合，一边观察黏土的形成。用手拿起来搓揉直到黏土看起来相当干燥了。这时在碗里还会有一些多余的水分，不用担心，这是正常情况。硼砂中的氢键与胶中所含聚合物中的氧原子结合形成交联聚合物。这些相互作用很容易重新排列，由不同的氧原子和氢原子形成一对新的氢键供体–受体，这就是黏土弹性很好和容易变形的原因。

当你完成后，你可以把它装进塑料袋放在冰箱中储藏。

你可以调整加入胶水混合物中硼砂的量，来达到你想要的黏土稠度。也可以加入食用色素，让黏土看上去更棒（照片由吉姆·福代斯拍摄）

怎样测量家里物品的硬度？

实验用到的化学原理：

- 硬度
- 材料科学

需要的材料：

收集一些已知硬度的材料，例如以下物品（数字基于莫氏硬度表）：

• 指甲 (2.5)

• 一分钱 (3)

• 玻璃（通常为5.5到6.5）

• 石英 (7)

• 钢（通常为6.5到7.5）

• 蓝宝石 (9)

你可以在实验结束后寻找列表之外的其他材料，或者在网上搜索已经列出莫氏硬度表中的其他材料。当然，也可以选择不知道硬度的材料，并在这个实验中进行实际测量。

实验步骤：

1. 找到你想要测试硬度的样品。请注意，你将要试图刮擦这件物品，请不要选择任何贵重或是你不想刮花的东西！

2. 选择一个已知硬度的物品，并用这个物品的尖端或边缘尝试刮花被测试样品的表面。比如，想要测试一块木头的硬度，你可以将一块石英的尖端紧按在木头表面，尝试刮花木头。

3. 检查样品，看看是否有划痕。可能需要用手指仔细触摸样品表面，来进行彻底检查。如果样品比已知硬度的物品软，将会有划痕。如果更硬，就不会有划痕。重复测试几次以验证结果。

4. 继续用已知硬度的各种物品进行测试，直到被测量样品的硬度处于列表中两种相邻物品之间，比如指甲 (2.5) 和一分硬币 (3) 之间。当较硬的一种可以在样品表面刮出划痕，而较软的一种无法产生划痕时，就找到了这两种材料。

5. 一旦在列表上找出相邻的这两种材料，可以断言被测量样品的硬度就处于两者之间。例如，一分硬币 (3) 刮花了样品，而指甲 (2.5) 不能，则样品的硬度为2.5到3之间。

其他的莫氏硬度序列：

• 滑石 (1)

- 石膏 (2)
- 方解石 (3)
- 萤石 (4)
- 铂或铁 (4.5)
- 磷灰石 (5)
- 正长石 (6)
- 石英 (7)
- 石榴石 (7.5)
- 硬化钢，黄玉，翡翠 (8)
- 刚玉 (9)
- 钻石 (10)

怎样运用化学方法使暗淡的硬币恢复光泽？

铜硬币颜色变暗，是因为铜会随着时间推移被氧化。由于醋和盐的混合物能与氧化铜反应，所以被用来清洁这些硬币，使它们恢复光泽（照片由吉姆·福代斯拍摄）

实验用到的化学原理：

- 表面化学
- 氧化反应

需要的材料：

- 一把颜色暗淡的硬币 (10个左右)
- 一茶匙食盐 (氯化钠)
- 1/4杯白醋 (醋酸溶液)
- 一个非金属小碗
- 水
- 纸巾或者餐巾

实验步骤：

1. 将1/4杯白醋和1茶匙食盐倒入碗里。
2. 搅拌混合物，直至盐完全溶解。
3. 先试着将一个硬币浸入溶液中15秒，然后取出。

你有没有注意到浸入溶液的部分发生变化了?

4. 把剩下的硬币也放进溶液中。你会观察到硬币放进溶液中发生了明显的反应。铜硬币变暗淡的原因是表面的铜与空气中的氧发生反应,形成了一层氧化铜。在这个反应中,盐和醋会与氧化铜发生反应,去除氧化层,就会使铜硬币表面回复最初的光亮。

5. 让这些硬币在溶液中停留几分钟。需要的话,可以晃动硬币,让每一个硬币的两面都浸泡在溶液中。也可以过几分钟翻转一下硬币。

6. 倒出溶液并用清水冲洗硬币。现在的它们已经干净闪亮如新了!

怎样使用日常用品制作黑蛇烟火?

(注意:本次实验涉及火与易燃物品,需要成人监督。另外,在尝试之前,请查阅本地法律。)

实验用到的化学原理:

- 化学反应
- 燃烧反应

需要的材料:

- 沙子 (约2杯)
- 打火机液 (1小瓶,大概100毫升)
- 小苏打 (1汤匙)
- 糖 (4汤匙)
- 杯子或碗
- 户外的位置,你必须安全地点燃黑蛇烟火而不损坏任何东西。

实验步骤:

1. 在杯子或碗中,将4汤匙糖和1汤匙小苏打混合。

2. 把沙子堆成一堆 (在户外的安全位置),然后在沙子中间做一个凹坑。这个凹坑将是点燃黑蛇烟火的地方。

3. 倒入少量的打火机液弄湿沙子。先试着倒入非常少量的打火机液,如果

不够，重复实验的时候再稍微增加一些。切记，过少要比过多好！

4. 把糖和小苏打的混合物倒入沙堆湿润的凹坑中。不要心急一次完成，可以尝试任意糖和小苏打混合物的用量。

5. 小心地用火柴点燃打火机液，然后请远远地躲开沙堆观察。这时你可以观察到混合物生成了长长的蛇形黑灰！糖和小苏打燃烧生成了碳酸钠、水蒸气和二氧化碳气体。蛇形的黑灰则是由碳酸盐和烧焦的碳组成的。

怎样制作隐形墨水？

实验用到的化学原理：

- 蒸发
- 燃烧反应
- 酸/碱反应

需要的材料：

- 棉签或笔刷
- 热源（也可以是一个灯泡）
- 量杯
- 纸
- 小苏打（碳酸氢钠）
- 水
- 葡萄汁（可选）

实验步骤：

1. 准备要用的“墨水”：将等量的水和小苏打混合，搅拌均匀。

2. 用棉签、笔刷、牙签之类的东西蘸上我们准备好的小苏打与水的混合液，在一张白纸上写下一条信息。

3. 等字迹慢慢变干。水浸在纸上，最后会蒸发；而小苏打不会蒸发，会留在纸上。

4. 想要阅读你留下的看不见的信息，有两种方法。一种是把纸靠近热源，比如一个灯泡或是柔和的火焰（注意不要把纸烧着），这会使纸上的小苏打变成棕

小苏打溶解在水中后，你可以像使用墨水一样用它在纸上留下一些信息。一旦字迹变干，就无法用眼睛看到了（照片由吉姆·福代斯拍摄）

非常小心地将纸在火焰（热源）上方加热，就可以让你留下的信息再次出现。纸上的小苏打将会逐渐呈现棕褐色，留下的字迹信息清晰可见。另外，在纸上涂抹葡萄汁同样能让墨水“显形”（照片由吉姆·福代斯拍摄）

褐色，显示出你留下的信息。小苏打会比纸先燃烧，这就是为什么字迹会在纸上变成棕色的原因。

5. 另一种方法是将葡萄汁涂抹在纸上（可以使用刷子涂）。留下的信息将会与纸的其他部分呈现不同的颜色（或色调）。这是因为葡萄汁里的酸与纸上的小苏打（碳酸氢钠）发生反应导致的。

怎样观察到不混溶的液体层？

实验用到的化学原理：

- 密度
- 相容性
- 极性

需要的材料：

- 蜂蜜
- 煎饼糖浆
- 液体肥皂
- 水
- 菜油或食用油
- 外用酒精
- 煤油（灯油）
- 比较高的玻璃水杯或类似容器
- 食用色素，以提高能见度（可选）

*注：这个实验并不需要以上每种材料都备齐。

实验步骤：

1. 先将密度最大的液体倒入玻璃杯。注意实验所需材料列表中的液体，是按照从密度最大到密度最小排列的。倒入时，尽量避免液体碰到玻璃杯内侧。

2. 将第二种液体轻轻地倒在第一种的上面。为了使液体更加缓慢地流入，可以使用黄油刀或勺子背面进行引流。倒入每一层液体后等待几秒，再倒入下一种液体。你会注意到，几种液体更倾向于保持分离的层状，而不是混合。这是因为它们是不相容的，从热力学上讲，相较混合，它们更加趋向于维持分离状态并产生界面。两种液体是否相容，是由混合或分离状态中熵与焓这些细节因素决定的。这往往与化合物极性是否相似有关。例如，水具有很强的极性，而植物油由长的非极性的烃链组成。它们彼此很难相互作用，因此保持分离层的状况。

3. 继续倒入第三种，第四种……按照密度变小 (按上面列出的列表)，液体依次在另一种的上方。随着你倒入液体，它们都形成了分离的层次。密度最大的液体所受重力影响最大，使它一直保持在密度较小的液体下方。这些液体不混溶，所以不会形成一种混合液。实际上，如果你等得够久，这些液体会有一部分混合在一起，但是这会需要挺长一段时间。

4. 看，就是这个！现在你会看到容器里有一系列分离的液体层。

怎样用醋和小苏打制造一座"火山"？

实验用到的化学原理：

- 化学反应
- 气体

需要的材料：

- 醋
- 小苏打 (2汤匙)
- 大碗
- 烘盘
- 面粉 (6杯)
- 食用油 (4汤匙)
- 盐 (2杯)
- 塑料瓶
- 洗碗皂液
- 红色或橙色的食用色素 (或者其他颜色)
- 水

在这个实验中，很多成分被混合在一个大碗里，用来建造火山结构。如果你想要试试，黏土也可以达到同样效果（照片由吉姆·福代斯拍摄）

在你的“火山”中倒入小苏打、肥皂还有食用色素，再慢慢地倒入醋，然后站远一些来观看你制造的“火山喷发”吧

实验步骤：

1. 这是个经典的化学实验，很有可能你已经在学校做过了。首先，在一个大碗中混合6杯面粉、2杯盐、4汤匙食用油和2杯水。充分混合这些成分，直到变成面团。这些成分不参与你做的火山喷发的化学反应，这种混合物将被作为“岩石”，形成火山的结构。

2. 将塑料瓶垂直放置于烘盘中。动手将刚才做好的“岩石”材料做成围绕塑料瓶的圆锥形，直到瓶子顶部。小心不要遮住瓶口。

3. 给瓶子装入水，不用完全装满，要为之后加入的几十毫升小苏打和醋留下足够的空间。

4. 加入几滴洗碗皂液。这不是化学反应需要的成分，但肥皂泡有助于收集小苏打与醋反应过程中生成的气体。

5. 将2汤匙的小苏打放进瓶子里。

6. 最后，慢慢地（如果你想要一个疯狂的火山，也可以很快）从瓶口加入醋，并准备见证喷发！当心！注意不要让混合物进入你或其他人的眼睛，并且这种混合物会把厨房弄得一团糟。小苏打 (碳酸氢钠, $NaHCO_3$) 与醋 (稀醋酸, CH_3COOH) 发生反应产生二氧化碳气体, 是造成“火山”喷发的原因。

涉及的化学反应方程式是:

$$NaHCO_3+CH_3COOH \longrightarrow CH_3COONa+CO_2\uparrow+H_2O$$

怎样用日常用品观察到静电作用力?

实验用到的化学原理:

- 电荷
- 库仑力

需要的材料:

- 尼龙梳子 (或橡胶气球)
- 一个水龙头

实验步骤:

1. 用尼龙梳子梳理头发。如果你没有尼龙梳子, 也可以用一个吹满气的气球摩擦头发。当你用梳子梳头或者气球摩擦头发时, 随着头发与物体之间电子的移动, 就会产生电荷。

2. 拧开水龙头, 放出较小的水流。使水流尽可能的小, 并且保持其流动的稳定和流畅。

3. 将梳子或气球靠近水流, 但要小心不要让梳子或气球接触到水。当它们接近时, 水流会朝着梳子或气球的方向偏转。这是因为物体 (梳子或气球) 所携带的电荷导致附近的水产生相对的电荷, 然后物体和水就会出现相互吸引的静电作用。

4. 你可以尝试改变水流大小, 观察水流的偏斜变化量。也可以变换摩擦的物体 (不同质地的梳子、气球以及其他东西), 或者改变在头发上摩擦的时间。

怎样研究酸和碱对水果切片“变老”和变黄的作用?

实验用到的化学原理:

- 酸和碱
- 生化反应/酶促反应

需要的材料:

- 苹果 (其他水果,香蕉、梨、桃子都可以)
- 五个透明的塑料杯
- 醋
- 柠檬汁
- 小苏打
- 水
- 镁乳 (成分为氢氧化镁,一种胃药)
- 量杯

实验步骤:

1. 制备镁乳和小苏打的水溶液。水的用量不是特别重要 (除非想要尝试不同的浓度) 。关键是:小苏打能完全溶解,镁乳能变得不那么黏稠厚重。

2. 把你的苹果 (或其他水果) 分成5块。如果需要测试多种浓度的小苏打与镁乳溶液,需要调整水果分成的块数。

3. 分别给5个杯子贴上标签:醋、柠檬汁、小苏打溶液、镁乳溶液、纯净水。

4. 每一杯中放一块水果。

5. 将几种溶液分别倒入对应标签的杯子里。每块水果都不能浸没在溶液里,但是要确保表面都有沾上溶液。醋和柠檬汁作为酸性溶液 (乙酸和柠檬酸) ,小苏打溶液和镁乳溶液作为碱性溶液 (碳酸氢钠和氢氧化镁) ,水作为中性对比溶液。

6. 记录下这时观察到的每块水果的外表特征。如果有相机会更理想,可以拍下样品的照片与最后结果进行对比。

7. 将水果静置一天,再次记录观察到的试验结果。如果在前一天拍了照片,你可以用当前的水果外观与所拍摄的照片相比较。苹果或其他水果变成棕色,是因为一种称为酪氨酸酶的酶 (见“厨房中的化学”一章) ,在含氧和含酚化合物中发生反应。酸性或碱性溶液对水果变棕色有什么作用？既然我们已经知道了，水果的褐变是酪氨酸酶引起的酶变反应，那试验结果又是如何表明酸性和碱性对酪氨酸酶反应速率的影响呢？并且两种酸性溶液对褐变速率的影响一样吗？那两种碱性溶液所产生的影响呢？你认为观察到的变化是因pH值变化引起的，还是因为特定化学成分引起的呢？你可以想想还有什么其他的试验可以帮助你对这一现象进行进一步的探讨。

怎样用胡椒粉表演一个神奇的小把戏？

实验用到的化学原理：

- 极性
- 表面张力

需要的材料：

- 一个胡椒瓶或一小包胡椒

在左边图中，手指没有蘸洗碗液放入水中后没有任何效果。而在右图中，蘸过一点洗碗液的手指放入水中时，洗碗液发生扩散，降低了水的表面张力，将胡椒粉推开（照片由吉姆·福代斯拍摄）

• 洗洁精或洗碗皂 (几滴)
• 碗
• 水 (一整碗)

实验步骤:

1. 先在碗里装上水。

2. 然后把黑胡椒倒在水面上,形成一层薄薄的胡椒覆盖面。

3. 作为实验的对照,先把手指直接伸进水中。这个时候并没有发生什么特别的事。

4. 现在蘸少量的洗碗液在手指上,再次伸进水中。这一次,可以看到胡椒粉从你的手指周围移向碗的边缘。这是因为非极性肥皂分子不能溶于水,所以快速分散在水的表面,从而降低水的表面张力。鉴于水表面通常比平面略微凸起,缘于相对高的表面张力,水散开时,表面张力降低。而肥皂的扩散导致水的移动,在这个过程中胡椒被推开。

5. 现在,你已经明白这个小把戏的基础原理,你可以表演给朋友看。先请朋友把手指放进有一层胡椒粉的水中,并让他们试着用意念移开胡椒。当他失败之后,你就可以用提前涂过皂液的手指表演"超能力"啦!

▶ 如何制作"热冰"(醋酸钠)?

实验用到的化学原理:
• 化学反应
• 溶解性
• 结晶与再结晶
• 依数性

需要的材料:
• 带盖的平底锅
• 微波炉或烹饪用火
• 醋 (1升)
• 小苏打 (4汤匙)

• 盘子

实验步骤：

1. 把醋倒进锅里，慢慢地（每次一点点）加入小苏打。你可能已经知道，这个反应会产生大量的气泡（二氧化碳气体），所以需要非常缓慢地加入小苏打。之后，这一反应将会产生醋酸钠的水溶液。涉及的化学方程式如下：

$$Na^{+}[HCO_3]^{-}+CH_3—COOH \longrightarrow CH_3—COO^{-}Na^{+}+H_2O+CO_2\uparrow$$

2. 把溶液煮开。保持溶液继续沸腾，直到有一层膜在溶液表面形成。这需要很长一段时间（也许要一小时），直到来自醋中的水大部分都蒸发。我们的目的是形成热的高浓度醋酸钠溶液。依据依数性，在更高温度下，溶质的溶解度更高。我们减少水的量时，醋酸钠不会被蒸发掉，而是留下高温的浓缩醋酸钠溶液。

3. 当你注意到一层薄膜开始在表面形成，将平底锅从热源移开，盖上盖子防止进一步蒸发。放置在料理台或冰箱中冷却。如果你看到任何晶体开始形成，加入少量额外的醋（如果醋用完了，可以加一点水）并搅拌溶液，使它们溶解。

4. 这样，我们有了足够冷却的醋酸钠溶液，如果有结晶核出现就可以快速地结晶。

5. 你现在可以慢慢地把冷却溶液滴到盘子上，就会迅速地结晶。如果没有，试着拖动叉子或刀在盘子里的溶液上划一个微小的划痕，或者稍等片刻，让液体蒸发一点，这样醋酸钠就会开始结晶。当你继续向盘子里浇液体，接触到盘子上已经形成的结晶，液体会继续结晶。这和利用再结晶进行净化的原理类似。如果你触摸晶体，能感觉到有些温暖，因为结晶是一个放热过程（放出热量）。这就是为什么它被称为“热冰”，现在你知道了它并不真的是冰，而是醋酸钠，并且也知道了它详细的制作过程。

怎样在家制作一个酸碱指示剂？

实验用到的化学原理：

• 萃取
• 酸/碱化学作用
• 化学指标

• 溶解度和温度

需要的材料：

• 几片红卷心菜叶子 (紫甘蓝)
• 搅拌机
• 一张咖啡滤纸
• 大罐子
• 玻璃杯或透明杯子
• 水
• 烹饪用火或微波炉
• 陶罐或平底锅

以下成分，你只需要一些 (不是全部)：

• 小苏打 (1—2茶匙)
• 柠檬汁 (1—2茶匙)
• 醋 (1—2茶匙)
• 氨 (30毫升，家居品种例如清洁剂)
• 抗酸剂 (1片，苏打水泡腾片)

实验步骤：

1. 切下大约相当于两杯的量的卷心菜，把它们放进搅拌机。

2. 把水烧开，再倒入有卷心菜的搅拌机里。打开搅拌机，搅拌大约10分钟。开水将从红卷心菜中提取一种叫作花青素的色素 (以及其他成分)。记住在较高温度下，溶解度也会较高。花青素是一种会随着溶液pH值不同而改变颜色的分子，将作为指示剂使用。

3. 用咖啡滤纸将植物残渣过滤掉，溶液倒进一个大罐子。你观察到的溶液应该呈现蓝色或红色或紫色的外观。确切的颜色取决于水的pH值，可能受到你使用的自来水中的离子浓度以及溶液中其他植物成分的影响。

4. 将溶液倒入多个玻璃杯或者透明杯子，这些“烧杯”用于测试各种物质的pH值。

5. 尝试在你的溶液里加入其他物质，并观察溶液的颜色会如何变化。注意每个“烧杯”里溶液的量会影响需要加入的被测试物质 (比如柠檬汁等) 的量，需要添加的足够多以至于能产生肉眼可见的颜色变化。作为参考，下面的列表将说明花青素指示剂的颜色变化对应的pH值。

pH值	颜 色
2	红色
4	紫色
6	蓝紫色
8	蓝色
10	蓝绿色
12	黄绿色

怎样在家制作熔岩灯？

好吧，在开始前首先需要说明一下：我们并不是要制作一盏真正的灯，而是制作一个装满像熔岩灯那样不断升起下降的泡泡的装置，如果想要它发光，还需要手电筒或其他光源。

实验用到的化学原理：

- 化学反应
- 密度
- 相容性
- 气体

需要的材料：

- 食用油（约600毫升）
- 塑料饮料瓶（约600毫升）
- 水（1汤匙）
- 苏打水
- 食用色素

实验步骤：

1. 在塑料瓶里几乎装满食用油。

加入苏打水泡腾片后，会有彩色的泡泡在油液体中反复翻腾(照片由吉姆·福代斯拍摄)

2. 将几滴食用色素加入一汤匙水中，然后倒入这个塑料瓶里。你能观察到，油和水是不可混溶的，这是在油里产生泡泡的原因。因为水比油重，所以水会沉到瓶子底部。

3. 把苏打水泡腾片掰碎，将碎片和粉末放入塑料瓶中，然后盖紧盖子。当表面的化合物溶解并发生反应，将会形成二氧化碳气泡(见下面的方程式)，这会降低水泡的整体密度，使它们上升到瓶子顶部。当它们到达顶部时，气体会离开水泡，释放少量的气体在顶部。这时，水泡密度再次大于油，又朝着瓶子底部下沉。这个过程会不断重复，直到所有的苏打水泡腾片都因为反应的发生而消耗掉。

4. 你可以看到彩色泡泡在瓶子里发生类似熔岩灯那样的移动。当然你也可以在反应结束后，再加入泡腾片。

反应原理：

苏打水泡腾片与其中柠檬酸反应产生二氧化碳的化学反应方程式为：

$$C_6H_8O_7\ (aq)+3NaHCO_3\ (aq) \longrightarrow 3H_2O\ (l)+3CO_2\uparrow\ (g)+Na_3C_6H_5O_7\ (aq)$$

▶ 怎样把一个鸡蛋吸进瓶子里？

实验用到的化学原理：

- 燃烧
- 压力
- 理想气体定律

需要的材料：

• 煮熟的鸡蛋

• 开口略小于鸡蛋直径的瓶子

• 纸（一张打印纸或报纸）

• 火柴

实验步骤：

注意：本实验涉及火和易燃材料，必须由成年人监督完成。

1. 将煮熟的鸡蛋剥掉壳。

2. 将纸撕成容易放进瓶子的大小，小心地用火点燃，然后放进瓶子里。

3. 快速地把鸡蛋放在瓶子上面，盖住开口。

4. 火焰燃烧会加热瓶子里的空气。空气受热膨胀，有些从鸡蛋边缘挤出瓶口。本书之前讨论过理想气体定律，在粒子数和体积固定时，瓶子内的压力会随着温度升高而线性增长。增加的压力会推动空气排出，你甚至可以观察到当空气逸出时，鸡蛋发生了移动。然后鸡蛋恢复静止，盖上了开口。

5. 最终，火焰燃烧掉了所有的纸，或是消耗了瓶内所有的氧气（无论是哪一种），然后瓶内的空气开始冷却。当空气冷却时，所占的体积将会减少，降低瓶内的压力，而瓶外的压力相对较高，就会把鸡蛋推进瓶子里。

6. 如果把瓶子倒过来，把空气吹进瓶子，嘴离开瓶口之前把鸡蛋倒盖在瓶口，这样嘴放开之后，鸡蛋就会出来。这是运用同样的高低气压平衡原理将鸡蛋取出来。

▶ 如何从燕麦片或早餐谷物中提取铁？

实验用到的化学原理：

• 磁性

• 食品化学/营养学

• 萃取

需要的材料：

燕麦片实验：

• 添加铁的即食燕麦 (查看营养标签,确保铁的含量)
• 磁铁 (如果是涂上白色或其他浅色的磁铁,最容易观察到铁)
• 塑料袋或塑料碗

早餐谷物实验:

• 磁铁——在这个实验中用磁铁搅拌液体 (如果是涂上白色或其他浅色的磁铁,更容易观察到铁)
• 塑料袋
• 水
• 大玻璃罐或烧杯

实验步骤:

燕麦片实验:

1. 打开麦片包,倒进塑料袋或塑料碗里。

2. 用磁铁搅拌燕麦片。你会看到少量棕色或灰色的金属吸附在磁铁表面。这些是铁! 铁通常添加在早餐谷物或其他食物中作为矿物元素补充。现在你明白了,饮食中的铁元素与金属铁制成的物品中的铁 (只是在数量很小的碎片状时) 相同。回顾一下,由于铁是磁性材料,所以会被磁铁吸引。

早餐谷物实验:

1. 把1杯或2杯早餐谷物倒进塑料袋里。

2. 用手把谷物压碎在袋子里。

3. 在罐子或烧杯中加入1升水,然后把袋子中捣碎的谷物倒进水里。水将有助于从压碎的谷物中提取铁。少量的铁分布在谷物中,往往被包裹在内部,这就是为什么需要压碎谷物后利用水来提取。磁力作用不足以将铁从谷物中吸出来。在化学实验室中,通常用酸来提取样品中的金属元素,但在这里,我们用水就能很好地达到目的。

4. 用磁铁把压碎的谷物搅拌15分钟。当从水中取出磁铁时,应该可以看到磁铁上收集到的铁。

怎样制作冰糖?

实验用到的化学原理:

- 结晶与再结晶
- 溶解性

需要的材料:

- 糖 (3杯)
- 水
- 玻璃罐
- 一支铅笔
- 绳子 (棉的,15厘米)
- 平底锅 (用于煮水)
- 微波炉或烹饪炉
- (可选) 食用色素

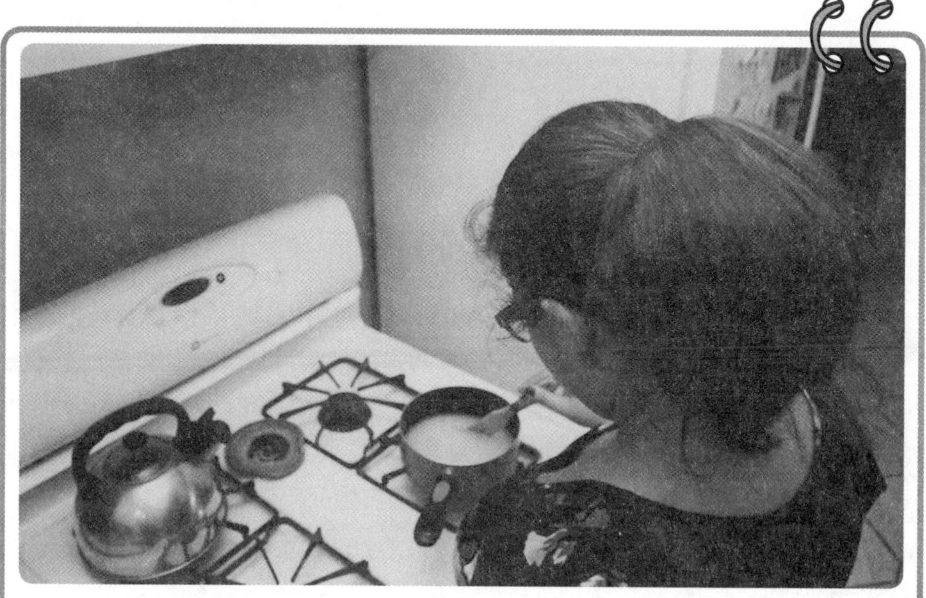

制作冰糖的第一步是把糖溶解在水中,并在炉子上加热至沸腾。之后需要等待糖溶液冷却,把溶液放进冰箱里可以加速冷却(照片由吉姆·福代斯拍摄)

把绳子绑在铅笔上，并垂进糖溶液中。渐渐地，会出现结晶形成糖块（照片由吉姆·福代斯拍摄）

• (可选) 果味添加剂

实验步骤：

1. 先将3杯糖和1杯水倒入锅中搅拌。

2. 一边不断搅拌，一边将混合物加热到即将沸腾。目标是让混合物恰好到达沸点，然后停止加热 (为了不要蒸发过多的水)，把溶液从热源上拿开。

3. 如果你要添加食用色素或食用香精，这个时候添加比较好。不过，冰糖终究是糖做的，本身就很好吃。

4. 把锅放进冰箱里让溶液冷却，直到它的温度低于室温。同时，把棉线绑在铅笔上，把铅笔架在罐子上，棉线垂入罐子。可能需要修剪棉线的长度，不要接触到罐子底部。

5. 你不妨系一个救生糖 (中文名字为圈圈糖或口哨糖) 或者类似重量的东西在绳子的末端来保持绷紧。

6. 弄湿绳子，沾上一点点结晶的糖（不是与水混合加热的糖）。这些糖晶体将成为冰糖的成核位点，糖溶液中的冰糖会结晶。

7. 把冷却的糖溶液倒进罐子，把垂着绳子的铅笔架在罐子口，绳子垂下浸入溶液。

8. 在罐口覆盖上铝箔纸、纸巾之类的东西，让罐内不受外界影响。

9. 结晶将需要数天，或者可能要一周时间。溶液中的糖会继续在绳子的晶体上结晶。可以偶尔查看一下结晶，但是尽量不要触碰、倾斜、转动、晃动或是挪动罐子。只要保持静置，结晶就会变大。一旦结晶完成生长，就可以提起绳子，可以吃冰糖了！

围绕着绳子，结晶会慢慢形成。要有耐心，这个过程需要几天（照片由吉姆·福代斯拍摄）

如何让果冻在黑光灯下发光？

实验用到的化学原理：

- 荧光
- 凝胶
- 交联

需要的材料：

- 果冻或明胶粉
- 1杯奎宁水
- 1杯水
- 炉子或微波炉
- 大碗

• 锅 (用来在炉子上加热)

• 黑光光源

实验步骤：

1. 将一碗水加热至沸腾。

2. 混合果冻和热水，搅拌直到果冻完全溶解。热水有助于明胶溶解并均匀分散在溶液中。明胶是一种胶原蛋白 (见“厨房里的化学”)，当它冷却，果冻中胶原蛋白链之间会重新形成交联，会将水困在其中变成凝胶。之前讲过的，凝胶是固体材料，由长链分子的键合构成网络，包含大量其他分子，表现为液体困在固体网络中。

3. 加入一杯奎宁水，搅拌均匀，在冰箱中放置4个小时。奎宁水含有一种叫作奎宁的分子 (金鸡纳碱)，被适当波长的光激发就会发出明亮的蓝色荧光，而适当波长的光可以由黑光灯提供。回忆一下荧光，当一个分子吸收特定波长的光，释放一部分能量，放出一个比吸收的光子波长更长的光子 (能量更低)。黑光灯发出的光比可见光波长略短 (能量较高)，所以它往往能激发分子，产生可见光范围内的荧光。

4. 当果冻完全变硬，在黑光灯下看看吧。果冻会发出蓝色的光。这是由于奎宁水中奎宁的荧光性。这个蓝色的光缘于奎宁分子的荧光，因此不受到使用的果冻味道或颜色影响。

怎样用牛奶制作胶水？

实验用到的化学原理：

• 溶解性

• 沉淀

• 过滤

需要的材料：

• 热水 (热水器里放出的就好)

• 室温水

• 1汤匙醋

• 1/2茶匙小苏打
• 咖啡滤纸
• 杯子
• 汤匙
• 小碗
• 几勺奶粉

实验步骤:

1. 将2勺奶粉溶解在1/4杯热水里。

2. 混合1汤匙醋,搅拌均匀。家用醋是一种稀的乙酸溶液。这时,牛奶应该开始形成颗粒状的不溶性物质(凝乳)。这是一种称为酪蛋白的物质,是在牛奶中发现的一种蛋白质。蛋白质通常溶于水以及水性环境,但醋中的乙酸会导致酪蛋白不再溶于此溶液。

3. 将咖啡滤纸放在一个杯子的杯口,把溶液倒入过滤器来收集凝乳。为了进一步使凝乳变干,可以尝试用滤纸挤掉残留的液体。

4. 把杯子里的液体倒掉,将杯子内侧晾干,然后把凝乳从过滤器中转移到干燥的杯子里。

5. 用勺子把凝乳分成小块。这有助于使凝乳更好地与其他材料混合。

6. 加1茶匙热水和1/4茶匙小苏打到装着切碎的凝乳的杯子里。这个混合过程会起泡沫,这是小苏打和残留的醋反应产生二氧化碳气体。

7. 搅拌这个混合物,最终混合物会变软呈液体状态。这个过程中可能需要加一点水或小苏打才能足够软和均匀。

8. 胶水做好了！它和其他任何胶水一样好用,不过还是先用一次试试,比如粘贴你的科学展览项目。

怎样在瓶子里形成一朵云?

注意:本实验涉及火与易燃材料,必须由成年人监督进行。

实验用到的化学原理:

• 理想气体定律

- 相转变
- 液滴形成

需要的材料：

- 1升容量的塑料苏打瓶
- 温水 (30—60毫升)
- 火柴

实验步骤：

1. 把温水灌进饮料瓶里，直到水刚刚覆盖底部。

2. 将瓶子倾斜，这样才不会烧到自己，点燃火柴，将火柴伸进瓶子里。等待瓶子里充满烟。

在成年人监督的情况下，将一根点燃的火柴伸进一个有一点温水的瓶子里。瓶子里收集到一些烟后，拧上盖子，观察云的形成——水围绕着烟雾颗粒凝结(照片由吉姆·福代斯拍摄)

3. 当瓶子里充满烟，或火柴熄灭时，取出火柴，拧紧瓶盖。当水蒸气在空气中形成可见的小水滴时，就会形成云。在这个实验中，水蒸气会依靠烟雾颗粒形成小水滴。

4. 瓶盖拧紧的状态下，挤压瓶子几次。我们可以看到一朵云形成了！当你挤压瓶子，里面气体的温度会暂时升高，但温度会迅速地与周围环境平衡。当你松开瓶子，里面的温度降低，水蒸气冷却使它在烟雾颗粒上凝结成液滴。这与自然状态下云在大气中形成的过程非常相似！

如何用一个薄膜罐制作一个微型火箭？

实验用到的化学原理：

• 气体和压力

• 化学反应

需要的材料：

• 一个空的、塑料的35毫米薄膜罐（现在越来越难找到了！），如果没有，你可以尝试使用其他任何小的、轻的塑料罐，罐子的盖子要容易弹出和关闭。

• 苏打泡腾片或其他抗酸片

• 水

实验步骤：

这个实验应该在户外进行。

1. 把一茶匙的水加入薄膜罐中，保持盖子打开。

2. 泡腾片掰成两半，准备放进薄膜罐中。

3. 这一步需要动作迅速。把掰碎的泡腾片扔进罐子里，迅速盖上盖子，将罐子倒放在地上，有盖子的一面朝下。退后一步，等待火箭发射。苏打泡腾片将与水反应产生二氧化碳气体。这种气体产生的压力将会越来越大，直到产生巨大的力，冲开盖子，将罐子发射向天空。

4. 10到15秒之后，罐子将向天空发射！

5. 尝试使用不同比例的水与泡腾片，或是使用不同类型和大小的容器。也

可以对比不同牌子的泡腾片，以及用不同方法压碎泡腾片。和朋友们比比看，谁的火箭飞得最高！

怎么用酵母来给气球充气？

实验用到的化学原理：

- 生化反应/酶促反应
- 气体

需要的材料：

- 酵母（5—10克酵母粉）
- 小塑料瓶（最好是480毫升或者更小）
- 一茶匙糖
- 气球
- 温水

实验步骤：

1. 向一个小塑料瓶里装足够的水，差不多2.54厘米深。水必须是温的，以便酵母可以生效。

2. 加入5—10克酵母（一小包就好），并混合均匀。酵母由真菌微生物制成，放在温水中会变得活跃。

3. 在水中加一茶匙糖。糖作为酵母微生物的食物，将慢慢被消耗，产生副产物二氧化碳气体。

4. 把气球套在瓶子开口一端。需要缠上胶带或绑上橡皮筋，防止气体漏出。让酵母生效20分钟，很快就会产生足够的气体填充气球。这和烤面包加入酵母是一样的，你在面包上看到的小洞是酵母释放的二氧化碳气体造成的。

5. 反复实验尝试使用不同用量的水、糖、酵母，并观察气球膨胀的速度。你可以试着验证一个假设，水中糖的浓度是否会影响到二氧化碳产生的速度。也可以对比不同酵母用量。不仅要注意观察气球膨胀的速度，也要留意最终的气体产生量。

怎样使鸡骨头变柔韧？

实验用到的化学原理：

- 弱酸中的溶解度

需要的材料：

- 一个罐子
- 醋（足以装满罐子）
- 一根鸡骨头（鸡腿骨最好）

实验步骤：

1. 准备一根鸡骨头，用清水冲洗干净，去除骨头上残留的肉。

2. 在你软化骨头前，试着弯曲它，证明它是刚性的。鸡骨头确实是很硬的，注意不要弄断它。

3. 在罐子里装满醋，把干净的骨头放进去。

4. 盖上盖子（这样不会整间屋子都是醋味），静置大约3天。醋是一种乙酸稀溶液，是一种弱酸。在几天之后，乙酸溶解了鸡骨头中的钙。由于钙在骨骼中起着保持骨骼坚硬的重要作用，一旦钙被溶解，骨头就会软化。

5. 取出骨头，用清水冲洗干净，然后再弯曲它。它变得明显比之前柔韧了。现在你看到了，如果没有足够的钙，人的骨骼也不会保持坚硬。这也提供了一个很好的说明，为什么刷牙是必要的，如果牙齿中留下任何能够溶解钙的食物残渣，你的牙齿就会流失一些钙，开始变软。

怎样制作一个大结晶？

实验用到的化学原理：

- 结晶
- 溶解性

需要的材料：

- 热水（从热水器里放出的就好）

• 大约2.5汤匙的明矾［通常食品杂货店就有出售，是一种能让泡菜很脆的成分；化学方程式是$KAl(SO_4)_2 \cdot 12H_2O$］

• 钓鱼线或尼龙线 (大约15厘米)

• 一支铅笔或一把尺子

• 2个罐子

• 咖啡滤纸或纸巾

• 汤匙

实验步骤：

1. 在罐子里倒入1/2杯热水。

2. 在水里加入一点点明矾，搅拌均匀。要在水冷却之前完成，在越高的温度下，明矾越容易溶解于水。我们要做一个饱和的明矾溶液，同时也要确保明矾全都溶解。继续添加明矾，直到不再溶解，这时再加一点点热水，让最后一点明矾也溶解。

3. 用咖啡滤纸或纸巾盖住罐子，静置一整晚。

4. 第二天，把液体倒入另一个罐子。第一个罐子底部应该会有小晶体。把固体结晶之上的液体倒掉的过程叫作“滗析”。结晶留下，将作为晶种生长为较大的明矾晶体。

5. 挑选出最大的结晶，或是你喜欢的形状的结晶。把钓鱼线或尼龙线绕在结晶上，另一端系在铅笔、尺子或类似的长而直的物体上。调整线的长度，将铅笔或尺子架在第二个罐子 (装着溶液的) 罐口，结晶垂下在溶液中，但是不要碰到底部。

6. 一旦你的结晶悬在溶液中，你要做的就是耐心等待它生长，生长过程可能持续数天时间。如果你发现小结晶在罐子的底部或内壁出现，就需要将溶液和悬着的结晶转移到另一个罐子里，防止溶液中的明矾形成几个不同的结晶 (这将确保你能得到一个漂亮的大晶体) 。如果需要，可以随时转移到另一个罐子里让结晶继续长大。

附录

化 学 年 表

年 份	事 件
公元前465	德谟克利特首先提出了所有的物质都由小颗粒组成。他也是第一位用“原子”这一专业名词来描述这些小颗粒的人。
公元前450	恩培多克勒提出了四大元素概念：空气、火、土和水。
公元前360	柏拉图首先使用了术语“元素”来形容物质的基本组成部分。
公元前350	亚里士多德将恩培多克勒的理论扩展到了第五元素：以太。
300	已知的、最早的有关炼金术主题书籍写于这一年代。
770	波斯的炼金术士阿布·穆萨·贾比尔·伊本·赫扬(Abu Musa Jābir Ibn Hayyān)，他也经常被称为“格柏”，开创了某些世界上最早的分离化合物的试验方法。
1000—1650	炼金术士们致力于研究将便宜的金属变成黄金、使人长寿的不老药和万能溶剂。虽然所有这些目标最终都没有完成，炼金术士却在实际上推动了如何利用植物提取物和金属治疗疾病的这些领域的科学进步。另外值得一提的是，早在公元1000年的时候，一些化学家也已经开始公开反对炼金术，认为炼金术士们所想要达到的目标是不可能实现的。
1167	第一次关于葡萄酒蒸馏的记录是由美吉斯忒·赛勒纳思(Magister Salernus)完成的。
1220	罗伯特·泰斯特(Robert Grosseteste)对科学方法进行了早期的描述。
1250	分馏技术被开发出来。
1260	圣·阿尔伯特·马格努斯(Saint Albertus Magnus)发现了砒霜。
1310	贾比尔所著的书籍发表了一种理论：所有的金属都是由硫黄和汞制成(这在今天已经众所周知属于错误的观点)。一些至今仍在使用的强酸溶液也第一次在书中被公之于众。
1530	帕拉塞尔苏斯是最早开始致力于推动以延长生命为研究目的化学分支的发展，这一发展可以被看作是当代药学研究的奠基石。
1597	被命名为《化学》的早期化学教科书出版

(续表)

年　份	事　件
1605	首次对科学方法进行的描述由弗朗西斯·培根爵士发表。
1643	以水银为基础材料的气压表第一次由埃万杰利斯塔·托里拆利发明制造出来。
1661	罗伯特·玻意耳出版了《怀疑派化学家》,解释了炼金术和化学之间的差异,奠定了现代化学的基础。
1662	第一次提出了将气体所占压力与容积关联在一起的玻意耳定律。
1728	詹姆斯·布拉德利(James Bradley)推定了光的速度。
1752	本杰明·富兰克林(Benjamin Franklin)发现闪电是一种电学现象。
1754	二氧化碳被首次分离出来。
1772—1777	氧气首先由约瑟夫·普里斯特利和卡尔·威尔海姆·舍勒独立分离出来,并由安托瓦尼·拉瓦锡对正确性进行了确认。
1787	雅克·查理(Jacques Charles)第一个提出将气体所占体积与温度关联在一起的查理定律。
1797	约瑟夫·普鲁斯特提出了"元素总是按一定比例结合构成化合物"的定比定律。
1798	康特·拉姆福德(Count Rumford)提出热有可能是能量的某种形式。
1800	第一个化学电池由亚历山德罗·伏特(Alessandro Volta)发明制作。
1801	托马斯·杨(Thomas Young)进行了通过干涉模式来证明光的波动行为的试验。
1801	描述气体混合物组成成分的量和它们所产生分压之间关系的道尔顿定律,由约翰·道尔顿(John Dalton)提出。
1805	水是由氢气和氧气以2 ∶ 1的比例构成的事实第一次被公之于众。
1811	阿伏伽德罗定律被提出。它阐述了不同种类的相同量在气相下占据相同的体积。
1825	异构体的存在被发现。
1826	欧姆定律被引入。它不仅描述了电阻的概念,还阐明了电阻与通过导体电流之间的关系。
1827	生物分子第一次被归纳为:碳水化合物、蛋白质和脂质(当时DNA尚未被发现)。
1840	赫斯定律被首次提出,说明用于化学反应的能量变化仅取决于反应物和产物的性质,而不是它们互变的过程。
1843	热量被证明是一种形式的能量。

(续表)

年　份	事　件
1848	温度中有了绝对零度的概念，在其状态下所有分子运动停止；由开尔文勋爵提出。
1852	奥古斯特·比尔(August Beer)提出的比尔定律将物体的浓度和其给定波长下光的光学吸收联系在了一起。
1857	碳被认为会与分子中相邻的原子们形成四个键。
1859	詹姆斯·麦克斯韦(James Maxwell)提出了关于气体中的分子速度分布的描述。
1859—1860	古斯塔夫·基尔霍夫(Gustav Kirchhoff)和罗伯特·本生(Robert Bunsen)奠定了早期光谱学的基础。
1864	八度法被首次提出，它是引导了现代元素周期表发展的重要一步。
1865	一摩尔物质的分子数首次被确定。
1869	门捷列夫发表了现代元素周期表的第一个版本：含有66种元素，并且为那些还没有被发现的元素留下了空位。
1869	首次发现了DNA。
1874	开尔文勋爵提出了热力学第二定律。
1874	电流被认为是由电子的运动所引发的。
1876	约西亚·威拉德·吉布斯引入了“自由能”的概念，用以解释化学平衡。
1877	路德维希·玻尔兹曼提出了熵的定义，以及对其他几个物理概念的统计推导。
1884	首次提出勒夏特列原理，对由于化学系统中引入的变化所导致的化学平衡变化进行了解释。
1887	首次发现了光电效应。
1888	海因里希·赫兹(Heinrich Hertz)发现了无线电波。
1893	阿尔弗雷德·沃纳(Alfred Werner)确定了某些钴络合物具有八面体结构，这一结构是中央钴原子和六个配体的结合，从而奠定了配位化学领域的基础。
1894	首次发现了惰性气体。
1895	X射线辐射被发现。
1897	电子被发现。
1900	马克斯·普朗克(Max Planck)首次提出了普朗克常数。
1900	欧内斯特·卢瑟福确认放射性是由原子的衰变所造成的。
1901	第一次颁发了诺贝尔奖。

1901—2012年历届诺贝尔化学奖获奖情况

1901　雅各布斯·亨里克斯·范特·霍夫(Jacobus Henricus Van't Hoff, 荷兰)因"发现了化学动力学法则和溶液渗透压"获得了诺贝尔化学奖。因为对环境下存在的渗透压和化学平衡的发现,范特·霍夫被授予了世界上第一届诺贝尔奖。如果糖水中的一种溶质通过一种半透膜与一定体积的纯水相分离,此种膜仅允许纯水通过而糖水不能通过;在此种情况下,范特·霍夫发现会有糖水强行穿过膜,直到膜两边的压力达到平衡。这一过程中承受更大压力的一侧将会导致液体向另一侧发生移动,这种压力就是被人所熟知的渗透压。

1902　赫尔曼·埃米尔·费歇尔(Hermann Emil Fischer, 德国)因为"他在糖和嘌呤合成物方面的工作"获得了诺贝尔化学奖。费歇尔证明:植物和动物所含有的各种分子,虽然一直被认为毫无关联,但实际上却拥有相似的结构。同时他还进一步证明:各种糖类可以通过例如尿素一类的简单化学物质在实验室生成。在制造出了糖分子之后,他进一步模拟出了当时所有已知糖的三维结构。

1903　斯万特·奥古斯特·阿累尼乌斯(Svante August Arrhenius, 瑞典)因"他的电离理论"获得了诺贝尔化学奖。最初,作为乌普萨拉大学的研究生,阿累尼乌斯致力于研究不同分子所形成电解溶液的导电性。他正确地假设了:由于盐形成了带电的粒子(以后称为离子),所以盐的溶液具有导电性。即使在没有电流存在的条件下,这一性质依然存在。遗憾的是,他的这一发现并没有给他当时的导师留下深刻的印象,1884年他只获得了三等学位。但这没有妨碍阿累尼乌斯继续自己在这一方面的研究,并由于在这一领域的深入见解很快获得了诺贝尔奖。

1904　威廉·拉姆齐爵士(Sir William Ramsay, 英国)因"发现了空气中惰性气体元素，并且确定了此类元素在元素周期表中的位置”获得了诺贝尔化学奖。瑞利勋爵在一次演讲中提到：他所测量到的实验室中所合成的氮的密度，与从空气中所得到氮的密度存在差异。拉姆齐继续深入进行了这一问题的研究，并且很快成功地首次分离出了氩，并随后发现了氖、氪和氙。

1905　约翰·弗里德里希·威廉·阿道夫·冯·拜尔（Johann Friedrich Wilhelm Adolf von Baeyer，德国）因“通过在有机染料和氢化芳族化合物方面的研究工作，他有效推进了有机化学和化工行业的发展”获得了诺贝尔化学奖。拜尔是世界上第一个合成靛蓝的科学家，靛蓝至今仍是世界上广为使用的染料，虽然获取方法已有所不同。

1906　亨利·莫瓦桑（Henri Moissan，法国）因“研究并分离出了氟元素，以及以他名字命名的冶炼电炉”获得了诺贝尔化学奖。莫瓦桑是世界上第一位制造出氟气（F_2）的科学家。他使电流通过HF液体中KHF_2溶质以获得氟气。诺贝尔颁奖委员会声明中的第二部分涉及了他关于电炉——一种被设计用来合成钻石的用具——的工作。

1907　爱德华·毕希纳（Eduard Buchner，德国）因“在生物化学方面研究和对于胞外发酵作用的发现”获得了诺贝尔化学奖。毕希纳研磨干燥过的干酵母细胞、石英和被称为“硅藻土”的硅石，释放出酵母细胞中的内容物。之后他将该溶液进行过滤，并添加糖。毕希纳观察到：即便不存在完整的酵母细胞，依然在发生糖的发酵。

1908　欧内斯特·卢瑟福（Ernest Rutherford，英国/新西兰）因“对于元素的蜕变和放射化学的探究”获得了诺贝尔化学奖。卢瑟福最著名的实验——“金箔试验”，实际上是在他获得诺贝尔奖之后完成的。他关于多种类型放射性（他将它们命名为 α 射线和 β 射线；之后又将 γ 射线加入这一列表中）存在的发现，以及关于反射性实质上是原子分崩离析的结果的假设，帮助他获得了这一年的诺贝尔奖。在卢瑟福的发现之前，化学家们都想当然地认为原子是坚不可摧的。

1909　威廉·奥斯特瓦尔德(Wilhelm Ostwald,德国)因“他对催化作用的研究,以及他在研究管理化学平衡和化学反应速率的基本规则方面的工作”而获得诺贝尔化学奖。围绕着酸和碱的强度,奥斯特瓦尔德进行了多次试验,并且成为第一位仔细探讨在酸碱催化作用下反应速率的科学家。他实际上是第一位创造“催化”这一专用化学术语的人,而他对于催化的定义几乎和我们现行所用的定义一致。奥斯特瓦尔德的工作呼应了之前阿累尼乌斯关于化学中酸/碱的研究;同时他对于不同酸性和碱性条件下化学反应速率的测量,是在对于布朗斯特-劳里酸碱理论的理解之上,所以具有更稳固的基础。奥斯特瓦尔德将他的研究范围延伸出了酸/碱催化的范围,而他所有的工作引导了我们今天对于化学反应速率的了解。他指出:化学反应速率以及影响它们的各类因素,都属于定量测量参数。

1910　奥托·瓦拉赫(Otto Wallach,德国)因“他在脂环族化合物领域的开创性工作促进了有机化学和化学工业的发展”而获得诺贝尔化学奖。脂环化合物是脂族(意味着它们没有芳族环)和环(意味着它们有其他环)的合成物。环己烷就是脂环族化合物中的一个简单的例子。瓦拉赫专门研究萜烯——一种能在各种植物中找到的精油。他能够通过化学转变,使这些液体分子进入结晶固体,这使得它们更容易通过当时可用的方法被研究。瓦拉赫也因为一些不同的有机反应而为人熟知,这些有机反应直到今天仍然以他的名字而命名(瓦拉赫重排反应、瓦拉赫规则、瓦拉赫降解、勒卡特-瓦拉赫反应)。

1911　居里夫人(Marie Curie,波兰/法国),因“发现了镭元素和钋元素,提纯了镭并对这一非同寻常的元素的性质和合成的研究”获得诺贝尔化学奖。居里是第一位获得诺贝尔奖的女性,并且至今仍是在多科学领域获得奖项的唯一女性。居里在1900年担任巴黎大学的教授(她所创造的另一项“第一”——巴黎大学第一位女教授),1906年成为索邦大学的教授(同样,她也是那里的第一位女教授)。1903年,因为她在放射领域的工作,她与丈夫皮埃尔·居里和亨利·贝可勒尔一起被授予诺贝尔物理奖。1910年，玛丽第一次成功分离镭——在氢气存在的条件下通过氯化镭电解分离而成。这种贡献不足以帮助她通过法国科学院院士的选举，但一年后正是这一成就帮助居里获得了人生的第二个诺贝尔奖。

1912

（两位获奖者） 维克多·格利雅（Victor Grignard，法国）因"发明了格利雅试剂"和保罗·萨巴蒂埃（Paul Sabatier，法国）因"他在精细金属粉存在条件下氢化有机化合物的方法"而共同获得诺贝尔化学奖。格利雅因为他从有机卤化物（RX）和金属镁中制备有机镁化合物（R-MGX）的研究而得到认可。他发现：这些镁试剂可与羰基反应，以形成新的碳-碳键。萨巴蒂埃与格利雅共享1912年奖项是因为他在氢化反应方面的工作，换而言之就是将氢气的一个分子添加到一个有机分子中。萨巴蒂埃观察到镍充当了所有这些反应的催化剂。萨巴蒂埃反应（CO_2和H_2生成CH_4和H_2O的反应）至今仍然是一个有用的反应。目前美国国家航空和宇宙航行局（NASA）正在研究从废弃的二氧化碳（来源于宇航员呼出的气体）中生成水的装置。

1913 阿尔弗雷德·维尔纳（Alfred Werner，瑞士）因"他对于分子内原子的连接的研究，特别是在无机化学领域"获得诺贝尔化学奖。维尔纳是第一个提出类似$[CO(NH_3)_4Cl_2]^+$无机化合物的正确结构的科学家。他假设：钴离子位于中心，由氨和氯配体包围，呈八面体排列。这一假设与所观察到这一化合物的两种异构体在事实上保持了一致——因为这两个氯化物配体之间分开的位置可能排列成180°（反式），也可能排列成90°（顺式）。

1914 西奥多·威廉·理查兹（Theodore William Richards，美国）因"他精确测定了大量化学元素的原子量"获得诺贝尔化学奖。理查兹是第一位获得诺贝尔化学奖的美国人。他和他的学生们准确地测定了55种不同元素的原子量，同时也证明了一些结晶固体可以在其晶格内包含有气体或其他溶质（技术术语：吸藏）。

1915　理查德·马丁·威尔斯泰特(Richard Martin Willstätter, 德国)因“他对于植物色素的研究,尤其是对叶绿素的研究”获得诺贝尔化学奖。威尔斯泰特是从事研究从各种鲜花和水果中分离出来色素的德国有机化学家。他是第一位证明叶绿素是由两种不同化合物,也就是今天被称为叶绿素a和叶绿素b的化合物组成的混合物。这两种分子吸收光线的波长略有不同,以便于植物捕捉到更多的太阳光能量。

1916—1917　化学奖未颁奖。

1918　弗里茨·哈伯(Fritz Haber, 德国)因“对从单质合成氨的研究”获得诺贝尔化学奖。哈伯是一位德国化学家,在卡尔斯鲁厄大学工作的时候,他和卡尔·博施在氮(N_2)和氢(H_2)的基础上合成生成了氨(NH_3)。氨在包括肥料、炸药等的很多应用中起了关键的作用,并且是其他许多化学品的配料。据估计,由于氨在化学肥料中的广泛使用,人体内大约有一半的氮原子经历了哈伯-博施过程。如果这个化学过程不存在,那么地球人口中有相当大比例将无法生存。

1919　化学奖未颁奖。

1920　沃尔特·赫尔曼·能斯特(Walther Hermann Nernst, 德国)因“他在热化学领域的工作”获得诺贝尔化学奖。能斯特在化学研究某些相关领域做出了自己的贡献:极低温度下化合物的比热、化学电池的使用;利用热化学特性计算化学亲和力的能力;不同温度下达到化学平衡所产生的变化。简单地说,能斯特在化学领域最突出的贡献是:他(和他的同事)的努力使得计算在一组已知条件下的化学反应是否能达到某种程度成为可能。此外,能斯特首次提出并制定了热力学第三定律。

1921　弗雷德里克·索迪(Frederick Soddy, 英国)因“他对于人类了解放射性物质化学性质上的贡献,以及对同位素的起源和本质的研究”获得诺贝尔化学奖。索迪,一位英国化学家,诠释了元素的放射性是由于它们的嬗变,或者是由于一种元素向另一种元素的转化。具体来说,索迪展示了铀向镭的转化。同时他还揭示了 α 发射(氦核的损失,因此原子序数减少2)和 β 发射(从原子核释放出电子,所以原子序数增加1)之间的差别。最后,索迪证明了放射性元素可以有一种以上的原子量,同位素的概念就此诞生。

1922　弗朗西斯·阿斯顿(Francis William Aston,英国)因"他在质谱仪的帮助之下发现了大量非放射性元素的同位素,以及对整数法则的阐述"获得诺贝尔化学奖。继1921年索迪获奖之后,诺贝尔委员会选择阿斯顿作为奖项获得者,其实是再一次认可了同位素的重要性。阿斯顿建立了世界上第一个能够分离给定元素的仪器,在这台仪器的帮助下他识别了超过200个元素的同位素。这项工作帮助他得出了结论:所有元素的同位素都具有整数质量(如果定义了氧的主要同位素为16)。

1923　弗里茨·普雷格尔(Fritz Pregl,奥地利)因"他创立了有机物质的微量分析法"获得诺贝尔化学奖。普雷格尔,一位化学家和医生,因为他对于定量分析有机分子的研究而获奖,特别是他在改进元素分析方面的突出贡献。他通过测量燃烧产物来揭示物质中含有的不同元素量(或者更简单地说:烧东西,然后看看有多少CO_2、H_2O和NO被释放出来)。

1924　化学奖未颁奖。

1925　理查德·阿道夫·席格蒙迪(Richard Adolf Zsigmondy,德国/匈牙利)"因他阐明了胶体溶液的异相性,并创立了相关的分析方法"获得诺贝尔化学奖。虽然诺贝尔委员会没有具体指明,"相关的分析方法"指的是席格蒙迪自己发明的超倍显微镜,它让一架可见光显微镜能够看到那些比光波波长更小的物体。席格蒙迪通过查看样品上散射的光线而不是其反射的光线,来完成这一理论上不可能完成的任务。在这一新工具的帮助下,他证实在所谓的"茶色玻璃"中的红色其实是由黄

金微粒（4纳米）形成的。之所以用玻璃做样品，完全是因为席格蒙迪当时的雇主是肖特玻璃公司。

1926　西奥多·斯维德伯格（Theodor Svedberg，瑞典）因“他对分散系统的研究”获得诺贝尔化学奖。和上一年的得奖者一样，斯维德伯格的分散体系涉及胶体。斯维德伯格研究它们的吸收、扩散和沉降。他需要生成胶体颗粒以验证爱因斯坦的布朗运动理论。为了完成这一工作，他开发了超速离心机，并将之用来提纯蛋白质。用来描述颗粒进行沉降时速率系数的单位就是现在被称为“斯维德伯格”的单位（1斯维德伯格$=10^{-13}$秒$=100$飞秒）。

1927　海因里希·奥托·威兰（Heinrich Otto Wieland，德国）因“他对胆汁酸及相关物质的结构的研究”获得诺贝尔化学奖。胆汁酸是一组固醇酸化合物，这类化合物的合成在肝内发生，并会产生胆酸、鹅脱氧胆酸（所有这些都是从胆固醇派生出来的）。威兰分离并确定了一系列具有重要生化意义的化合物的结构。在他的职业生涯中，他还从有毒的青蛙和蘑菇中分离出了毒素。

1928　阿道夫·奥托·赖因霍尔德·温道斯（Adolf Otto Reinhold Windaus，德国）因“他关于固醇类的结构及其与维生素之间关系的研究”获得诺贝尔化学奖。温道斯被授予诺贝尔奖是因为发现胆固醇（一种固醇）通过一系列的步骤被移动到胆钙化醇（维生素D_3）上。温道斯的博士生之一，阿道夫·布特南特，也是诺贝尔奖得主。

1929　阿瑟·哈登（Arthur Harden，英国）和汉斯·卡尔·奥古斯特·冯·奥伊勒–切尔平（Hans Karl August Simon von Euler-Chelpin，德国）因“他们对糖的发酵和发酵酶的调查”获得诺贝尔化学奖。哈登和奥伊勒–切尔平都是生物化学家，各自独立对发酵过程进行了研究。哈登发现，酒精发酵需要磷酸盐的存在。奥伊勒–切尔平研究了活细胞在降解糖分子时产生能量的方式，以及细胞在进行这些反应时所运转的部分。

1930　汉斯·费歇尔(Hans Fischer,德国)"为他对于血红素和叶绿素的组成,特别是对血红素合成的研究"获得诺贝尔化学奖。费歇尔对生物学相关色素特别感兴趣,特别是那些诸如血液和胆汁一类的人体体液,以及植物的绿色。他是第一个正确确定血红素B和血红素S的结构的科学家,它们都属于铁卟啉分子(一个以铁离子为中心且有四个氮配体的大环)。这些红色的分子拥有帮助运输氧气和一些其他重要功能。费歇尔还测定了叶绿素a的结构,它具有类似于血红素的结构,但镁离子取代了铁离子位于大卟啉环中心的位置。

1931　卡尔·博施(Carl Bosch,德国)和弗里德里希·贝吉乌斯(Friedrich Bergius,德国)因"他们发明与发展了化学高压技术"获得诺贝尔化学奖。博施曾与弗里茨·哈伯一起致力研究氨的合成,并且他们的研究产物一直以两人的名字而命名,但是这没有让博施在1918年的奖项中获得与哈伯一样的认可。贝吉乌斯开发了一种利用煤炭生产液体烃燃料的方法。在贝吉乌斯将他的专利卖给巴斯夫之后,当时在巴斯夫工作的博施也参与了被称为贝吉乌斯过程的工作。不论是贝吉乌斯法还是哈伯-博施法都是在高压环境下工作,并且这两种方法都对人类历史产生了显著的影响。

1932　欧文·朗缪尔(Irving Langmuir,美国)"为他在表面化学的发现和研究"获得诺贝尔化学奖。作为一名研究生,朗缪尔研究过灯泡,然后开始改善真空泵的设计。正因为这两项兴趣在某些方面的某种程度的重合,朗缪尔得以发明了白炽灯泡。在观察到一根钨丝(就像灯泡里的那样)可以在其表面上分裂出氢气,形成由氢原子构成的单原子层现象之后,朗缪尔激发了对表面化学的兴趣。然而与他获奖有直接原因的却是他关于油和表面活性剂在水面上形成的薄膜的研究。朗缪尔推测,表面活性剂的分子将自己变成一个单分子厚度的层,并在此之后致力于用物理学来描述这类薄层。这一薄层最终被命名为单分子层。

1933　化学奖未颁奖。

1934　哈罗德·克莱顿·尤里(Harold Clayton Urey,美国)因“他发现了重氢”获得诺贝尔化学奖。尤里通过多次蒸馏液态氢样品成功分离得到的氘(D_2)帮助他得到了诺贝尔奖。事实上,人们知道尤里更多是因为参与了曼哈顿计划(Manhattan Project),它是美国政府研究原子弹的计划,令人惊讶的是这似乎比他获得了诺贝尔奖更为人熟知。在哥伦比亚大学工作的时候,尤里和他的团队开发了浓缩铀的气体扩散法。二战结束后,尤里和斯坦利·米勒(Stanley Miller),他的研究生之一,在芝加哥大学证明了水、氨、甲烷和氢气的混合物可以通过火花放电而生成氨基酸。该实验旨在模拟地球早期情况,并清楚地证明了构成所有生命基础的有机分子可以从基本的无机构造块和一个小小的火花而获得。在尤里去世后,实验证明混合物中表现出了二十余种不同的氨基酸,这一结果比尤里和米勒在他们原始公开出版所提及的成果更加令人惊叹。

1935　弗雷德里克·约里奥(Frédéric Joliot,法国)和伊蕾娜·居里(Irène Curie,法国)“因合成了新的放射性元素”获得诺贝尔化学奖。弗雷德里克曾是居里夫人的助手,并最终娶了居里夫人的女儿——伊蕾娜。约里奥-居里的夫妻团队合作进行了使用其他粒子轰击原子的试验。具体地说,他们利用 α 粒子(He^{2+}离子)撞击硼、镁和铝原子,以创造出新的、短寿命的放射性粒子。

1936　柏图斯·约瑟夫·威廉·德拜(Petrus Josephus Wilhelmus Debye,荷兰),因对“通过对偶极矩以及气体中的X射线和电子的衍射的研究来了解分子结构”获得诺贝尔化学奖。德拜发展了电场如何影响分子的理论,并提出了通过测量其绝缘性能和密度如何随温度变化来确定其偶极矩的方法。他不但测量了在气相时X射线和电子对分子的干扰,还进行了一些关于确认分子化学结构的研究。这项研究工作首次提供了关于分子结构特性的详细的第一手资料,帮助了化学家们明确了异构体们(具有相同化学成分不同原子排列的化合物)具有不同的结构。

1937 沃尔特·诺曼·霍沃思（Walter Norman Haworth，英国）因“他的对碳水化合物和维生素C的研究”和保罗·卡勒（Paul Karrer，瑞士）因“他对类胡萝卜素、黄素、维生素A和维生素B_2的研究”获得诺贝尔化学奖。霍沃思延伸了之前费歇尔对于碳水化合物的研究，在理解单糖和二糖的各种异构体结构领域取得了前所未有的进展。在这项工作之前，人们对于维生素、类胡萝卜素和黄素知之甚少，正是他们第一次发现了这类分子的化学成分。霍沃思除了对糖的研究，还对维生素C的成分进行了深入的研究。卡勒之所以与霍沃思分享了这一年的化学奖，是因为他描述了一些类胡萝卜素和黄素，以及维生素A和维生素B_2的化学成分特性。这些物质化学成分的信息，提供了关于这些物质的形成以及其如何在人体内扮演营养物质角色等方面最早的一些认知。在霍沃思和卡勒研究它们之前，很少有人知道这些物质的化学性或反应性，因为人们连它们的组成成分都不知道。

1938 理查德·库恩（Richard Kuhn，德国）因“他在类胡萝卜素和维生素领域的研究工作”获得诺贝尔化学奖。1938年的诺贝尔化学奖的提名中没有合适的人选，所以1938年的奖项直到1939年才被授予库恩。库恩因为他对维生素和类胡萝卜素的研究获得了这一奖项。库恩分离和阐述了大量复合物的成分特性，同时还就这些物种的光学特性进行了研究，以便区分那些有着不同化学结构的物质。他还在维生素B复合体——包括维生素B_2（核黄素或乳黄素）和维生素B_6——化学性质的理解上取得了巨大的成果。

1939 阿道夫·弗里德里希·约翰·布特南特（Adolf Friedrich Johann Butenandt，德国）因“他在性激素方面的研究工作”和拉沃斯拉夫·鲁齐卡（Leopold Ruzicka，克罗地亚）因“他对聚亚甲基和高级萜烯的研究”获得诺贝尔化学奖。布特南特第一次从男性尿液提取物中分离和明确了一种具有男性性激素特征的化合物。布特南特确认了这一化合物的化学式，并将它称之为雄酮。之后的化学试验发现该化合物实际上与睾酮略有不同，但布特南特和鲁齐卡均能用雄酮合成睾酮。鲁齐卡合成了布特南特从男性尿液中分离出来的同样的化合物雄酮，并

且他还能将雄酮转化为男性性激素睾酮。此外，鲁齐卡还致力于合成和确认了包括性激素在内具有物理和生物重要性的多萜化合物。由于这些化合物在生理学上具有重要意义，鲁齐卡的工作为今后有关这些复合物研究工作奠定了重要的基础。

1940—1942　化学奖未颁奖。

1943　乔治·德海韦西(George de Hevesy，匈牙利)因“他在化学过程研究中应用同位素作为示踪物”获得诺贝尔化学奖。德海韦西是使用放射性同位素进行化学研究的先驱者。通过使用这些同位素作为标记物，他能够跟踪记录同位素被引入样品后所发生的变化，由此为各种领域提供了独特的新鲜见解。例如，通过将放射性钠引入人体后，他能够跟踪其在整个身体内的空间移动，以及从人体排泄出去的过程。他发现：一天之后，血细胞已经失去/更换大约一半的钠含量。当然，随后其他科学家也纷纷将这种方法应用于自己的研究之中。

1944　奥托·哈恩(Otto Hahn，德国)因“他对重核裂变的发现”获得诺贝尔化学奖。哈恩和他的同事发现了核裂变，特别是铀可以通过核裂变在链式反应中发生分裂。这一发现的重要性是公认的，但是如果使用不当或没有恰当的监管，它对人类社会来说也是一种潜在的威胁。哈恩自己也敏锐地意识到了这一发现潜在的巨大危险性。不管怎么说，这一发现为未来核化学领域的研究以及现代核反应堆的发展铺平了道路。

1945　阿尔图里·伊尔马里·维尔塔宁(Artturi Ilmari Virtanen，芬兰)因“他在农业和营养化学，特别是在饲料储藏方法方面的研究和发明”获得诺贝尔化学奖。维尔塔宁是一位很有趣的化学家，他事实上还是一位农民！他的饲料保存方法利用了盐酸和硫酸来延缓饲料发酵的过程。此外，他在营养/农业化学领域还取得了其他的成就，帮助了农场饲养的动物们获得更好的营养。

1946 詹姆斯·巴彻勒·萨姆纳(James Batcheller Sumner,美国)因“他发现了酶可以结晶”,而约翰·霍华德·诺斯罗普(John Howard Northrop,美国)和温德尔·梅雷迪思·斯坦利(Wendell Meredith Stanley,美国)因“他们配备了高纯度的酶和病毒蛋白质”获得诺贝尔化学奖。萨姆纳第一个为酶和蛋白质可以结晶的理论提供了具体而有力的证据,从而为这一领域的进一步研究奠定了扎实的基础。诺斯罗普和他的同事不但探讨了形成蛋白质结晶的条件,还熟练掌握了这一“艺术”,开拓了现代科学家研究蛋白质结晶和病毒的方式。斯坦利证明病毒的结晶方式和蛋白质的结晶方式一致,之后由此推定了病毒的实际本质就是蛋白质。

1947 罗伯特·鲁宾孙爵士(Sir Robert Robinson,英国)因“他对具有重要生物学意义的植物产物,特别是生物碱的研究”获得诺贝尔化学奖。鲁宾孙在药物化学领域成绩显著,不论是在合成领域还是更好地了解药物的工作机制领域。他之所以被授予诺贝尔奖,主要是因为他对于包括奎宁、可卡因和阿托品在内的生物碱的研究。鲁宾孙研究并帮助人们理解这些类型的分子是如何有效地作用于人类的身心的。

1948 阿尔内·威廉·考林·蒂塞利乌斯(Arne Wilhelm Kaurin Tiselius,瑞典)因“他对电泳和吸附分析的研究,尤其是他关于血清蛋白复杂性质的研究”获得诺贝尔化学奖。

1949 威廉·弗朗西斯·吉奥克(William Francis Giauque,美国)因“他在化学热力学领域的贡献,特别是对物质在超低温条件下的状态研究”获得诺贝尔化学奖。吉奥克在证明热力学第三定律的领域中做了很多的工作(最初由能斯特提出的),并且在他研究工作的基础上,计算分子形成过程中的自由能成为可能。这种可能性的存在很大程度上是由于试验是在超低温条件下进行的操作,而能够在温度接近绝对零度时进行这些实验的方法则要归功于吉奥克。吉奥克的工作探索了与各种物质各种形式相关联的熵,或者无序,并且他就低温下分子的研究做了大量先驱性的工作。

1950　奥托·保罗·赫尔曼·狄尔斯(Otto Paul Hermann Diels,德国)和库尔特·阿尔德(Kurt Alder,德国)因“发现并发展了双烯合成法”获得诺贝尔化学奖。狄尔斯和阿尔德因为他们对于与有机合成领域中存在广泛关联的化学反应方面的推进工作而获得诺贝尔奖,甚至有一个反应还以他们的名字命名,这就是“狄尔斯-阿尔德”的反应。二烯是包含一对缀合的碳-碳双键的复合物,在大部分情况下可以反应生成环状产物。在进一步的研究下,此类反应在整个有机化学领域有着数量巨大的应用。

1951　埃德温·马蒂森·麦克米伦(Edwin Mattison McMillan,美国)和格伦·西奥多·西博格(Glenn Theodore Seaborg,美国)因“他们在超铀元素化学性质方面的发现”获得诺贝尔化学奖。追溯到1934年,费米发现了可以通过中子轰击重元素来生成较重的元素。麦克米伦第一个成功证明了超铀元素的存在,这是在元素周期表目前存在的最重元素。西博格扩展了此项工作,发现了元素周期表中那些最重元素们所在的附加行!

1952　阿彻·约翰·波特·马丁(Archer John Porter Martin,英国)和理查德·劳伦斯·米林顿·辛格(Richard Laurence Millington Synge,英国)因“他们创立了分配色谱法”获得诺贝尔化学奖。马丁和辛格因为发展出了色谱法的基本原则而获奖,或者更具体地说是基于化学性质的差异(通常是它们的极性)来分离化学物质。在他们提出的分离方法中:一滴化合物的混合物以及一种可能是水或醇(或其混合物)的溶剂被滴置于一条纸带上,纸带吸收了水,从而导致了混合物中化合物的分离。之所以发生这种分离,是因为在混合物中每种组分与溶剂的相互作用不同。这一方法被之后的研究者们充分发展,直至今天色谱法在化学实验室中依然扮演着非常重要的角色。

1953　赫尔曼·施陶丁格(Hermann Staudinger,德国)“因他在高分子化学领域的研究发现”获得诺贝尔化学奖。施陶丁格是最早提出大分子(聚合物)所具有的显著重要性和在化学方面发挥着重要作用的科学家之一。虽然这些观点最初并没有被他所工作领域中的大多数成员接受，但他用试验证明了大分子的存在。现在，大分子的重要性在高分子化学、生物化学以及其他许多领域得到了广泛的认可。

1954 莱纳斯·卡尔·鲍林(Linus Carl Pauling，美国)因“他在化学键的性质及其在复杂物质结构应用方面的阐述和研究”获得诺贝尔化学奖。鲍林在对化学键本质的理解这一研究领域取得了显著进展，这一研究(显然地)几乎涉及大自然中所有的化学过程。他提出了将电负性这一特征作为表征化学键的方法，并且开发了一套电负值度量体系。鲍林对于X射线的研究揭示了众多分子的结构，并铺平了X射线衍射作为更复杂分子的一种表征方法的道路。1963年，鲍林还被授予了诺贝尔和平奖。整个职业生涯，众所周知，鲍林总是工作和生活在科学发现的最前沿。

1955 文森特·迪维尼奥(Vincent Du Vigneaud，美国)因“他对于具有生化重要性的含硫化合物的研究，特别是首次合成了多肽激素”获得了诺贝尔化学奖。通过合成相关生化化合物，迪维尼奥因将有机化学和生物化学领域连接在一起的工作而被人熟知。他首次合成了多肽激素和加深了围绕着肽，特别是那些含有硫化合物的化学知识。在对于大脑后叶的早期实验中，迪维尼奥注意到硫黄存在的高比例，这促使他将整个职业生涯都投入调查硫黄与生物活性之间的相关性研究之中。

1956 西里尔·欣谢尔伍德爵士(Sir Cyril Norman Hinshelwood，英国)和尼古拉·尼古拉耶维奇·谢苗诺夫(Nikolay Nikolaevich Semenov，苏联)因“他们对于化学反应机制的调查研究”获得诺贝尔化学奖。这两位科学家在化学反应机制领域有着许多重要的发现，尤为突出的是关于链式反应机制重要性的证明和展示。在各种实例中，这两位先生证明了所观测到的结果可以通过援引一种链式反应机制来解释，这种机制将在终止前“自我传播”几个循环。在其他实例中，链式机制也被证明是导致爆炸发生化学反应的关键。

1957　亚历山大・R.托德勋爵(Lord Alexander R. Todd, 英国)"因他在核苷酸和核苷酸辅酶领域的工作"获得诺贝尔化学奖。托德为化学领域、遗传学领域和生物学领域中围绕核苷酸的结构及其在生物体中所扮演角色部分的未来的研究奠定了基础。他不但构建了核苷酸的化学结构,还确立了磷酸化在生化过程中的(非常重要)作用。

1958　弗雷德里克・桑格(Frederick Sanger, 英国)"因他对蛋白质结构组成的研究,尤其是对胰岛素的研究"获得诺贝尔化学奖。桑格首先认识到胰岛素是由氨基酸的两条链,31和20残基构成,由此确定了胰岛素的结构。他开始在两条链上来建立氨基酸的序列(氨基酸总数51),以此来确定胰岛素的化学组成。胰岛素是调节人体内血糖水平的一个关键的肽激素。除了表征这一重要激素的结构之外,桑格所做的贡献还有很多。他表征胰岛素结构的方法,被许多其他科学家应用在许多其他情况下来表征蛋白质结构。

1959　雅罗斯拉夫・海洛夫斯基(Jaroslav Heyrovský, 捷克斯洛伐克)因"他发现并发展了极谱分析法"获得诺贝尔化学奖。海洛夫斯基是化学分析领域的创新者,开发出了能够分析几乎任何能溶解于水的物种的极谱分析法,并能确定相关物质存在量的相对百分比。他使用的这种方法仅仅依赖于了涉及了应用电流和含汞的测量液滴的简单过程 。

1960　威拉德・弗兰克・利比(Willard Frank Libby, 美国)因"他发展了利用放射性碳-14进行年代测定的方法,使其在考古学、地质学、地球物理学和其他科学分支中得到了广泛的应用"获得诺贝尔化学奖。利比开发了使用样品中碳同位素的相对丰度来确定其年代/年纪的程序。这一程序对于许多领域的科学家来说具有极其重要的用途,并且在已经建立的历史事件排序领域中,包括人类的史前史的排序中也发挥了重要的作用。

1961　梅尔文・卡尔文(Melvin Calvin, 美国)因"他关于植物中二氧化碳吸收的研究"获得诺贝尔化学奖。确切地说,卡尔文是因为他关于今天被称为“卡尔文循环”方面的工作而获得诺贝尔奖。卡尔文循环是绿色植物对二氧化碳固定产生影响的过程。换句话说，也就是来自大气的二氧化碳分子对其他分子的进入过程。卡尔文确认了碳水化合物代谢和光合作用之间存在着密切联系。这一过程是相当复杂的，涉及10个不同的中间体和11种不同的酶来对反应中的每一个步骤进行催化。

1962 马克斯·费迪南德·佩鲁茨（Max Ferdinand Perutz，英国）和约翰·考德里·肯德鲁（John Cowdery Kendrew，英国）“因他们对于球状蛋白结构所进行的研究”获得诺贝尔化学奖。佩鲁茨和肯德鲁尝试利用X射线衍射技术来阐明大蛋白质的结构，尤其侧重于血红蛋白和肌红蛋白的结构。他们采用了各种各样创新的办法，包括记录数量庞大的X射线衍射、在定义明确的位置将较重的金或汞原子合并进分子，并使用计算机（在当时属于非常先进的机型）来处理他们所收集的大量数据。这是相当艰巨的任务，因为即使是肌红蛋白（相对较小的一个分子）也包含大约2 600个原子。他们的工作成果在早期帮助理解球形蛋白质结构背后的原理方面发挥了重要的作用。

1963 卡尔·齐格勒（Karl Ziegler，德国）和朱利奥·纳塔（Giulio Natta，意大利）“因他们在高聚物化学性质和技术领域的研究发现”获得诺贝尔化学奖。这两位伟大的高分子科学家不但开发出了几类聚合物，同时还简化和解释了聚合机制流程。齐格勒发现钛络合物可以催化烯烃聚合反应，而纳塔开发了从丙烯制备有规立构聚合物的方法。当时，诺贝尔委员会承认，人们还没有完全清楚齐格勒和纳塔研究的全面应用和深广影响，事实上那个时候的高分子化学领域还处于相对不成熟的阶段。时至今日，齐格勒和纳塔的研究工作已经成为生产人们日常生活中所遇到的诸多塑料制品的基础支撑。

1964 多萝西·克劳福特·霍奇金（Dorothy Crowfoot Hodgkin，英国）因“她利用X射线技术解析了一些重要生化物质的结构”获得诺贝尔化学奖。霍奇金使用X射线晶体学来测定青霉素、维生素B_{12}，以及其他大

量具有生物关联性质分子的结构。随着利用计算机来处理X射线晶体学数据的重要性不断得到提升，霍奇金很快由于她杰出的数据处理能力得到关注。诺贝尔奖委员会认为，她的这一天赋很有可能在她的职业生涯中发挥了极其重要的作用。

1965　罗伯特·伯恩斯·伍德沃德（Robert Burns Woodward，美国）“因他在有机合成领域中杰出的成就”获得诺贝尔化学奖。伍德沃德在有机合成领域中众多的分支领域取得了丰硕的成果。他确立了金霉素和土霉素（两者都是抗生素）的结构，并使得这一领域中出现了新的合成可能性。他还合成了奎宁，这曾被认为是对化学的一个巨大的挑战，奎宁之后被用于防治疟疾，此后他又合成了胆固醇和可的松。伍德沃德在合成领域的成就数不胜数，他跻身于最成功的合成化学家荣誉榜。除了这些在合成化学领域的成就，伍德沃德还确立了一大批重要的化合物的结构。

1966　罗伯特·S.马利肯（Robert S. Mulliken，美国）因“他利用分子轨道法对化学键以及分子的电子结构所进行的基础研究”获得诺贝尔化学奖。诺贝尔奖肯定了马利肯关于分子中的电子行为本质的研究工作，特别是他发展的分子轨道法。分子轨道是通过在单个原子轨道的重叠而形成，并且这些可以用来合理解释原子对中键的存在与否、原子对间键合的强度大小，以及预计分子将经历何种类型的反应。

1967　曼弗雷德·艾根（Manfred Eigen，德国）、罗纳德·乔治·雷伊福特·诺里什（Ronald George Wreyford Norrish，英国）和乔治·波特（George Porter，英国）因“利用很短的能量脉冲对反应平衡进行扰动的方法，对高速化学反应进行的研究”获得诺贝尔化学奖。诺里什和波特获奖的原因在于他们对于闪光光解方法的发展。这一方法将光的短脉冲应用到引发光化学反应上，因此使得他们能够研究那些之前无法被观察到的极快速化学反应。艾根的工作有些不同：他利用声音来作为能量形式对化学反应进行探测。与其他方法相比，由于声音不会引发分子行为的急剧变化，所以这种方法具有较少的侵入性。就这两种方法来说，闪光光解法更加类似于当今使用的现代分光法；而基于声音的探测方法则没有获得太大的发展。

1968　拉斯·昂萨格（Lars Onsager，美国）因“发现了以他名字命名的倒易关系，这是关于不可逆过程热力学最基础的发现”获得诺贝尔化学奖。昂萨格之所以获奖，是因为他的杰出的数学研究成功地对不可逆过程进行了理论性的描述。在他的职业生涯中，昂萨格在物理学和化学领域做出了大量的贡献，包括围绕溶液电导率和电解质流动方面的理论开发，以及伊辛模型解决方案的提出。

1969　德里克·H.R.巴顿（Derek H. R. Barton，英国）和奥德·哈塞尔（Odd Hassel，挪威）因“对构象概念的发展及其在化学中的应用所做出的贡献”获得诺贝尔化学奖。巴顿和哈塞尔获得奖项的主要原因在于他们围绕分子构象所进行的分析工作。当我们根据特定的方向和构象在纸上绘制一个分子时，事实上，通常情况下会存在多种关于给定分子的可访问的构象。这两位科学家的工作引发了对于旋转和其他化学构象变化重要性的关注，特别是在有机分子领域。他们的工作证明：一个分子的构象可以实际对反应的发生形成巨大的影响；并且构象的变化很有可能是必要的，以便促进反应或允许反应的发生。

1970　路易斯·F.莱洛伊尔（Luis F. Leloir，阿根廷）因“他发现了糖核苷酸及其在碳水化合物合成中所起的作用”获得诺贝尔化学奖。莱洛伊尔发现了一种在一类糖转变成另一类时必不可少的物质，而这种物质被证实是与核苷酸分子相结合的一种糖（糖核苷酸）。他很快意识到自己打开了解决那些围绕碳水化合物合成的众多尚未解决问题的大门，并充满激情地继续着自己的研究。在莱洛伊尔的职业生涯中，他革命性地促进了人类对糖的合成和生物合成的理解。

1971　格哈德·赫茨伯格（Gerhard Herzberg，加拿大）因“他对分子的电子结构和几何形状，特别是对自由基的研究和贡献”获得诺贝尔化学奖。赫茨伯格是一位著名的物理学家和天体物理学家，他被授予诺贝尔化

学奖的主要原因是他在分子光谱领域内的巨大贡献。赫茨伯格在光谱学领域杰出技能的一个特别的展示，是他关于化学反应中自由基作用的调查研究。自古以来，自由基就是研究领域中一个极其困难的目标物；这主要是由于其相对较短的生存寿命时间（百万分之一秒的量级）所导致。赫茨伯格在光谱领域内的天赋不但使得他有能力解决这个问题，还解决了领域内其他类似的具有挑战性（和有趣）的问题。

1972　克里斯蒂安·B.安芬森（Christian B. Anfinsen，美国）因“他对于核糖核酸酶的研究工作，特别是关于氨基酸序列和生物活性构象之间联系的研究”；斯坦福·摩尔（Stanford Moore，美国）和威廉·H.斯坦（William H. Stein，美国）因“他们关于核糖核酸酶分子的活性中心的催化活性与其化学结构之间的关系的研究”获得诺贝尔化学奖。这三位科学家一起发现了核糖核酸酶的结构，同时他们还深入了解了其结构与反应之间的关联性。尤为重要的是，摩尔和斯坦还将酶的活性位点的结构关联到其反应性上去。他们研究的重要性不仅仅在于研究了核糖核酸酶这一重要的酶，而且他们的研究方法为之后类似的研究铺平了道路。

1973　恩斯特·奥托·费歇尔（Ernst Otto Fischer，德国）和杰弗里·威尔金森（Geoffrey Wilkinson，英国）“对金属有机化合物，又被称为夹心化合物的化学性质的开创性研究”获得诺贝尔化学奖。费歇尔和威尔金森获奖的主要原因，在于他们阐明了有机金属配合物与周边结合的键和反应的基本属性。他们在工作中还着重关注有机金属的夹心化合物，涉及金属中心“夹”在两个配体之间的工作。该奖项在某种程度上是有些特别的，因为它公开承认，这两位化学家的工作的实际影响并不十分明显，但他们的工作所获得的有机金属化学周边的知识，未来对化学家来说将是十分宝贵的。

1974　保罗·J.弗洛里（Paul J. Flory，美国）因“他在高分子物理化学理论与实验两个方面的基础性研究工作”获得诺贝尔化学奖。弗洛里通过发展表征聚合物的指标和区分不同聚合物的指标，大大促进了高分子科学的发展。由于人们发现不同聚合物具有不同的组合成分和构象排列，所以这些指标的研究和设定一贯被认为是非常困难的任务。正是弗洛里的研究帮助高分子科学在坚实的理论基础上跨越了一大步，而这些坚实的理论基础，正是弗洛里进入高分子领域时这一领域所欠缺和急需的。

1975　约翰·沃卡普·康福思（John Warcup Cornforth，澳大利亚/英国）因"他对酶催化反应的立体化学的研究"和弗拉迪米尔·普雷洛格（Vladimir Prelog，南斯拉夫/瑞士）因"他对有机分子和反应的立体化学的研究"共同获得诺贝尔化学奖。康福思对于酶催化反应的立体化学的探索，是通过研究具有同位素标记的氢原子在酶活性位点上的几何结构而进行的。而普雷洛格对于有机分子的立体化学是如何影响它们反应性的研究，则带来了重要的发现。事实上，普雷洛格同样也对酶催化反应的立体化学进行了观察——它们是如何与简单的有机分子发生反应的。

1976　威廉·N.利普斯科姆（Willian N. Lipscomb，美国）因"他对于硼烷结构的研究，解释了化学成键问题"获得了诺贝尔化学奖。硼氢化物（硼烷）配合物参与了化学键合的许多有趣例子，这是由于硼与碳相比少给予化学键一个电子，但它还是经常形成四配位络合物。利普斯科姆之所以获奖，在于他利用X射线衍射和量子化学计算对硼烷络合物进行了化学性和耦合的先锋性开创探索。他的研究在理解硼烷配合物的领域，达到了能够相对良好地预测硼烷配合物的性能和反应度的水平，他的研究成果引发了对于化学键性质更深入的了解。

1977　伊利亚·普里高津（Ilya Prigogine，比利时）因"他对非平衡热动力学，特别是耗散结构理论的贡献"获得了诺贝尔化学奖。非平衡热动力学一直在传统上被认为是一个特别难解决的领域，因为这一领域中一般的假设都想当然地把相关分子行为抛到脑后。普里高津的研究工作将现有的热动力理论扩充到了解决远未达到平衡的系统之上，例如当液体被从下方迅速加热时。普里高津证明被称为"耗散结构"的结构

能够在远未达到平衡的状态下存在，并且这些结构只能够与周围环境相结合而存在。

1978　彼得·丹尼斯·米切尔（Peter D. Mitchell，英国）因“他利用化学渗透学说，为理解生物能量的传递而做出的贡献”获得了诺贝尔化学奖。米切尔之所以获奖是因为他所发展的电子转移理论——电子转移是如何在氧化磷酸化和光合磷酸化过程中与ATP合成发生耦合的。他提出，质子浓度（并由此带电）产生的电位梯度穿过线粒体膜建立起来，而质子逆流向下的浓度梯度提供了ATP合成的驱动力。这也就是之后众所周知的化学渗透学说。

1979　赫伯特·布朗（Herbert C. Brown，美国）和格奥尔格·维蒂希（Georg Wittig，德国）因“他们分别将含硼和含磷化合物发展成为了有机合成中的重要试剂”获得了诺贝尔化学奖。布朗之所以获得这一奖项是因为他对于有机合成试剂硼的研究，他的研究同时也引发了有机硼作为一类分子的发展。维蒂希则研究了磷，并开发出了一种羰基可以被转化为烯烃的反应，也就是今天大家所说的维蒂希反应。维蒂希和布朗两人的工作引导了重要试剂的发展，这些试剂直到今天都广泛应用于有机合成的领域。

1980　保罗·伯格（Paul Berg，美国）因“他的对于核酸生物化学的基础研究，特别是有关重组DNA的研究”、沃尔特·吉尔伯特（Walter Gilbert，美国）和弗雷德里克·桑格（Frederick Sanger，英国）因“他们对核酸中DNA碱基序列的确定方法”获得了诺贝尔化学奖。伯格之所以获得这一诺贝尔化学奖是因为他率先设计出了重组DNA分子，也就是说，他构建了一个含有来自不同物种DNA的DNA分子。吉尔伯特和桑格所分享的另一半化学诺贝尔奖是因为他们对于DNA的测序工作。最初的DNA测序是一个非常耗时和昂贵的任务，而在今天，发展出经济且有效的DNA测序方法的可能性越来越大。

1981　福井谦一（Kenichi Fukui，日本）和罗德·霍夫曼（Roald Hoffmann，美

国)因“他们各自独立发展了相关化学反应过程的理论,来解释化学反应的发生”获得了诺贝尔化学奖。前线分子轨道理论的发展可以归功于福井,这一理论提供了基于最松散的束缚电子(或能量最高占据轨道)的性质,连同它们的能量最低的未占据轨道的性质,对周边化合物的反应性进行预测。早前在伍德沃德工作的时候,霍夫曼就已经完成了一些重要的理论工作,并且已经得到了有关化学反应和参与这些反应轨道的对称性之间所存在关系的结论。这两位伟大的科学家通过概括、简化,以及在观察中所发现的基本模式成功地解决了化学界中的困难问题。

1982　阿龙·克卢格(Aaron Klug,英国)因“他对于晶体电子显微术的发展,并且研究了具有重要生物学意义的核酸-蛋白复合物的结构”获得了诺贝尔化学奖。克鲁格在原有电子显微镜技术的基础上进行了改进,发展了利用数学过程处理图像的方法,这种方法能够在相对低辐射剂量且不会在样品上形成重金属污渍的情况下,获得更高对比度的图像。他的方法使得确定那些之前难以或不可能精确表征的重要聚合物的结构成为可能。

1983　亨利·陶布(Henry Taube,美国)因“关于电子转移反应机制,特别是在金属配合物领域的研究工作”获得了诺贝尔化学奖。陶布对一系列钴离子和铬离子进行了研究,发现某些物质达到在溶液中的化学平衡,而另一些则没有。一系列进行的细致实验表明:在某些情况下,在电子转移发生前在一对金属离子之间(或它们的配体之一)时,需要生成一个桥。在其他情况下,电子转移的发生存在一个距离。这些观察结果在很多化学过程中有着极其重要的应用,特别是在生物化学领域。此外,值得人们关注的是,在获奖的时候,陶布就已经创造了化学的历史——成为对整个化学领域中形成重要影响的化学发现进行整理报告的第一人。他在配位化学领域的重要成就得到了诺贝尔委员会的认可,下面的引文就是来自诺贝尔委员会的报告之中:“毫无疑问,亨利·陶布是我们这个时代里,在配位化学整个领域内最有创意的研究人员之一。三十年里他一直位于几个科学领域的研究前沿,并

对它们的发展产生了决定性的影响。”

1984　罗伯特·布鲁斯·梅里菲尔德(Robert Bruce Merrifield,美国)因“他开发了固体化学合成法”获得了诺贝尔化学奖。梅里菲尔德开发了一种合成肽或核酸链的简单而巧妙的方式。这一方法涉及结合第一链的(比方说)氨基酸的聚合物,随后的残基可以被合成。这种方法被证明与之前的方法相比,能够更快地生成更大产量的终产物。

1985　赫伯特·A.豪普特曼(Herbert A. Hauptman,美国)和杰尔姆·卡尔(Jerome Karle,美国)因“他们在发展测定晶体结构直接法上所取得的杰出成就”获得了诺贝尔化学奖。两人获得诺贝尔化学奖的主要原因在于他们制定和改进了通过分析晶体结构衍射图案来生成分子结构的方法。这个方法的基础是其所发展的概率方程,这一概率方程将化学结构与所观察到的衍射图案联系在了一起,同时也依赖于测量多次衍射图案来确定分子的结构。

1986　达德利·R.赫施巴赫(Dudley R. Herschbach,美国)、李远哲(Yuan T. Lee,美国)和约翰·C.波拉尼(John C.Polanyi,加拿大/匈牙利)因“他们对化学基元反应动力学过程的贡献”获得了诺贝尔化学奖。赫施巴赫被确认开发了利用交叉分子束方法来进行化学动力学的详细研究。李最初与赫施巴赫一起工作,并独立地进一步开发了使用交叉分子束研究相对较大的分子重要反应的方法。波拉尼则开发了利用测量红外线——来自最近形成分子的弱红外辐射的化合光,来获知化学反应中的能量是如何被释放的。

1987　唐纳德·J.克拉姆(Donald J. Cram,美国)、让-马里·莱恩(Jean-Marie Lehn,法国)和查尔斯·J.佩德森(Charles J. Pedersen,美国)因“他们发展和使用了可以进行高选择性结构特异性相互作用的分子”获得了诺贝尔化学奖。这些化学家们因为发现了可以“识别”彼此并由此相互反应,形成高度特异性复合物的分子而获得诺贝尔化学奖。他们深入研究调查了这些具有高度特异性和识别功能特点的分子。随之,他们在研究的基础上制造了能够模仿酶的高度特异性识别功能的分子，这为今天被称为主—客体化学或超分子化学研究领域的发展开拓了道路。

1988　约翰·戴森霍费尔（Johann Deisenhofer，德国）、罗伯特·胡贝尔（Robert Huber，德国）和哈特穆特·米歇尔（Hartmut Michel，德国）因"他们测定了光合反应中心的三维结构"获得了诺贝尔化学奖。这一届诺贝尔化学奖的颁发缘由主要在于膜结合蛋白的原子表征，尤其是负责进行光合作用的膜结合蛋白。这些蛋白质轻易不会发生结晶，而米歇尔被认为享有完成首次这一任务的荣誉。随后，米歇尔和胡贝尔、戴森霍费尔一起合作解开了围绕微晶膜结合光合反应中心结构的细节之谜。

1989　西德尼·奥尔特曼（Sidney Altman，加拿大/美国）和托马斯·切赫（Thomas Cech，美国）因"他们对于RNA的催化性质的发现"获得了诺贝尔化学奖。尽管RNA已经因其在遗传分子和遗传信息传输方面所扮演的角色而众所周知，而奥尔特曼和切赫发现的是RNA所具有的生物催化功能。这对于科学界来说，是一个完全出乎意料的结果。这一发现的产生过程是：当RNA放入没有任何蛋白酶的试管中时，RNA开始将自身碎片化，然后碎片又重新聚合在一起。这个观察引导了第一种RNA酶的发现。在这一发现被授予诺贝尔奖的同时，已经发现了近百种RNA酶。

1990　埃利亚斯·詹姆斯·科里（Elias James Corey，美国）因"他发展了有机合成的理论和方法学"获得了诺贝尔化学奖。科里之所以被授予诺贝尔化学奖是因为他在有机合成领域中众多的重要贡献，包括开发用于生产具有生物活性的天然产物的理论和方法。正是这些发现导致许多药物能够进行批量商业化生产，因而对普通公众的健康产生了深远的影响。他的研究之所以如此成功，是因为他开发了被称为"逆合成分析法"的理论规则。这一分析法首先从目标分子的结构开始，之后按相反的顺序分析什么键是在生成更简单结构前必须被破坏的。

1991　理查德·R.恩斯特(Richard R. Ernst,瑞士)因“他对高分辨率核磁共振(NMR)光谱方法的发展所做的杰出贡献”获得了诺贝尔化学奖。核磁共振(NMR)光谱法已被证明对于物理和合成化学家都是强有力的工具。它已被用于表征简单的有机复合物以及复杂生物分子的结构,并且能够在其他应用程序之间动态地跟踪化学反应的进程。恩斯特之所以获奖是因为他在增加核磁共振仪器灵敏度和分辨率方面的重大贡献。恩斯特的研究对核磁共振光谱的各个方面进行了提升,使用了一维方法和二维方法,同时还提出用于获得核磁共振断层图像的方法,并且这一方法最终得到了实现。

1992　鲁道夫·A.马库斯(Rudolph A. Marcus,美国)因“他在化学系统中电子转移反应理论上的贡献”获得了诺贝尔化学奖。马库斯之所以获奖是因为他对于电子转移反应的研究工作,以及围绕这一基本化学过程所开发创建的理论。一个电子在两个分子之间的传递在化学范畴内属于一个普遍存在的过程,并且对于大范围内的化学现象都是至关重要的——从材料的传导性能到化学合成、再到以收集能量为目的植物对光的捕获。马库斯在20世纪50年代和60年代完成了关于电子转移理论的大部分工作,此时他已经能够解释在不同化学系统中所观察到的电子转移的大幅度变化率。他理论的某些部分在当时很难通过实验进行证实,这种状况一直持续到20世纪80年代才得以彻底改变。这也是为什么马库斯的研究理论在经过了如此漫长的时间,才最终为他赢得了诺贝尔奖。

1993　卡里·B.穆利斯(Kary B. Mullis,美国)因“他发展了基于DNA的化学领域研究方法,特别是开发了聚合酶链反应(PCR)方法”和迈克尔·史密斯(Michael Smith,加拿大)因“发展了以DNA为基础的化学研究方法,对建立寡聚核苷酸为基础的定点突变及其对蛋白质研究的发展的基础贡献”获得了诺贝尔化学奖。穆利斯被授予诺贝尔奖的原因在于,他制定了一个可广泛使用的实验室被称为聚合酶链反应的方法。在使用PCR的情况下,只需要相对简单的实验室设备就能在短短几小时的时间跨度内产生DNA样品的数百万个拷贝。它可以用于来自灭绝的生物化石的DNA拷贝。而与穆利斯共享诺贝尔奖的史密斯则是因为他“操纵”了遗传密码。在细胞中，蛋白质的产生是基于包含在生物体DNA中的核苷酸序列，这些序列决定将纳入一种蛋白质的氨基酸序列。史密斯开发了选择性地操纵DNA以改变所产生的蛋白质的氨基酸序列的方法。

1994　乔治A.奥拉（George A. Olah，美国/匈牙利）因“他对碳正离子化学研究所做出的贡献”获得了诺贝尔化学奖。碳正离子是包含一个或多个带正电荷的碳原子的类型。由于这种类型的中间体一直被假定为在有机反应中扮演着关键作用，同时也由于它们的高反应性，人们一直不相信它们能够被分离。奥拉设法通过使用酸性极强的化合物，也就是实际上所谓的“超强酸”来制备稳定的碳正离子。就此，奥拉的工作彻底改变了碳正离子化学的研究，因为这些品种的特性第一次能够被确定。奥拉所完成的研究工作对于更好地了解有机化学中这些重要的中间体具有重大的影响。

1995　保罗·J.克鲁岑（Paul J. Crutzen，荷兰）、马里奥·J.莫利纳（Mario J. Molina，墨西哥/美国），和F.舍伍德·罗兰（F. Sherwood Rowland，美国）因“他们对大气化学的研究工作，特别是关于臭氧的形成和分解的研究”获得了诺贝尔化学奖。他们每一位都对理解大气中的臭氧是如何通过大气反应消耗的作出了重要贡献。更为重要的是，他们每个人都展示了种种由人类行为引发的、会导致破坏臭氧层的污染形式，而这些都是他们在研究大气污染物怎么造成臭氧层破坏过程中所了解和发现的。这些信息将有望继续帮助人类保护臭氧层和地球气候的稳定性。

1996　小罗伯特·F.柯尔（Robert F. Curl Jr.，美国）、哈罗德·沃特尔·克罗托爵士（Sir Harold W. Kroto，英国）和理查德·斯莫利（Richard E. Smalley，美国）因“他们对富勒烯的发现”获得了诺贝尔化学奖。这一次的诺贝尔化学奖授予给了一种元素碳的新形式的发现。在这种新形式的元素碳中，原子排列在一个封闭壳中并形成球体。这三位一

起工作的科学家们发现了这一现象，并由此得到了一种被称为“富勒烯”的碳的新形式。富勒烯的生成过程是：由碳蒸气通过强脉冲激光照射获得，在惰性气体的存在下凝结。现在大家都知道，存在有各种尺寸的富勒烯。

1997　保罗·D.博耶（Paul D. Boyer，美国）和约翰·E.沃克（John E. Walker，英国）因“他们阐明了三磷腺苷（ATP）的合成中酶催化机制”和延斯·C.斯科（Jens C. Skou，丹麦）因“首次发现的离子传输酶，即钠钾离子泵”获得了诺贝尔化学奖。博耶和沃克分享这一次诺贝尔化学奖，是因为他们的工作让人们理解了ATP合成酶（一种酶）是如何催化ATP的形成。这一信息与理解能量是如何被存储、传输，以及其在细胞中是如何被使用的有着重要的联系。而斯科获得另一半奖项的原因是因为他对于第一种离子传输酶的发现，这种酶负责保持钠和钾在细胞中的浓度平衡。

1998　沃尔特·科恩（Walter Kohn，美国）因“他对于密度泛函理论的发展”和约翰·A.波普（John A. Pople，英国）因“他对量子化学计算方法的发展”获得了诺贝尔化学奖。科恩和波普都属于现代化学计算方法领域的开拓者。密度泛函理论是依靠描述一个分子的空间电子密度来计算分子性质的方法，这也是科恩被授予诺贝尔化学奖的原因——他对于这个现在被广泛使用的计算方法的发展做出了重大贡献。而波普发展出使大量化学家获得便捷使用且可信赖的计算方法。除了他众多的技术成果，波普还负责开发了高斯化学计算软件，这很有可能是目前世界上最广泛使用的化学计算工具。

1999　艾哈迈德·泽维尔（Ahmed Zewail，埃及/美国）因“他利用飞秒光谱学对化学反应过渡态进行的研究”获得了诺贝尔化学奖。泽维尔被授予诺贝尔化学奖的原因在于他在研究中使用了超快速飞秒光谱进行实时（即在它们实际发生的时间尺度上）化学反应的研究。泽维尔在这一领域最早的实验是对于碘氰化物和碘化钠的观察；同时他也是第一个能够观察到化学物质实时状态下的分解和重组的科学家！他在光谱技术的领域所获得的革命性成果，直到今天仍然对这一领域产生着重要的影响。

2000　艾伦·J.黑格(Alan J. Heeger，美国)、艾伦·G.麦克迪尔米德(Alan G. MacDiarmid，美国/新西兰)和白川英树(Hideki Shirakwa，日本)因"发现和发展了导电聚合物"获得了诺贝尔化学奖。这个被颁发了诺贝尔化学奖的新发现的塑料/聚合物能够在某些特殊情况下具有导电性。这是相当令人惊讶的结果，因为从来没有人预计塑料也会成为导电材料。这类塑料/聚合物包含有共轭碳-碳双键的链(换言之，碳-碳双键与碳-碳单键交替)。这些聚合物也发生了掺杂现象，这意味着电子通过氧化反应或还原反应被人为地添加或去除了电子。

2001　威廉·斯坦递什·诺尔斯(William S. Knowles，美国)和野依良治(Ryō-ji Noyori，日本)因"对手性催化氢化反应的研究"，K.巴里·夏普莱斯(K. Barry Sharpless，美国)因"对手性催化氧化反应的研究"共同获得了诺贝尔化学奖。授予诺尔斯和野依的奖项是因为他们对于手性催化氢化反应中手性催化剂的研究，或者说关于在加入两个氢原子之后所发生反应的研究。这项研究中的发现很快应用在了医药产业。夏普莱斯被授予另外一半奖项则是因为开发了进行氧化作用的手性催化剂，这是有机合成领域中另一类重要的反应。

2002　约翰·B.芬恩(John B. Fenn，美国)和田中耕一(Koichi Tanaka，日本)因"发展了对生物大分子进行鉴定和结构分析的方法，以及建立了软解析电离法对生物大分子进行质谱分析的方式"，库尔特·维特里希(Kurt Wüthrich，瑞士)因"发展了对生物大分子进行鉴定和结构分析的方法，建立了利用核磁共振谱学来解析溶液中生物大分子三维结构的方法"共同获得了诺贝尔化学奖。此前，质谱技术只能用于研究相对较小或轻质分子。芬恩和田中之所以分享了这一奖项是因为他们的工作将质谱技术扩展到了更大生物分子的领域。芬恩和田中各自独立研制了完全不同、获得适合质谱分析的自由悬浮的蛋白质样品的方法。而维特里希获得这一年另一半诺贝尔化学奖的原因，是他利用

核磁共振光谱测定了溶液中生物分子的三维结构。这一研究成果是超越了晶体结构分析的一大显著进步，因为生物分子的结构有可能在结晶态或溶液相时有所不同，而溶液相时的结构与它们真实生物功能的关联性更紧密。

2003　彼得·阿格雷（Peter Agre，美国）因“他关于细胞膜中离子通道的研究，发现了水通道”和罗德里克·麦克金南（Roderick MacKinnon，美国）因“他在离子通道的结构和机制的研究中关于细胞膜通道的发现”获得了诺贝尔化学奖。阿格雷被授予一半奖项是源于其分离了能作为细胞水通道的膜蛋白。虽然在大约200年以前，人们已经假定细胞含有能够帮助水流动的通道，但阿格雷是第一个终于发现了关于细胞内水通道的具体实例的人。麦克金南所获得的另一半奖项则源于他在离子通道上的工作，特别是他对于钾离子通道的空间结构表征的工作，从而第一次允许了化学家能够“看到”钾离子是如何流动进出细胞的。

2004　阿龙·切哈诺沃（Aaron Ciechanover，以色列）、阿夫拉姆·赫什科（Avram Hershko，以色列）和欧文·罗斯（Irwin Rose，美国）因“泛素介导的蛋白质降解的发现”获得了诺贝尔化学奖。尽管绝大多数的蛋白质生化研究都集中在它们是如何合成和运作的方面，这三位研究者却另辟蹊径转而研究细胞如何管理自己的分解过程。他们发现，蛋白质以超出大部分人类想象的更快的速度分解（重建）。蛋白质进行分解时会被标记，之后它们会被细分割断成细小小块，以使它们不再具有功用性。

2005　伊夫·肖万（Yves Chauvin，法国）、罗伯特·H.格拉布（Robert H. Grubbs，美国）和理查德·施罗克（Richard R. Schrock，美国）因“对有机合成中的复分解方法”获得了诺贝尔化学奖。肖万、格拉布和施罗克共享这一奖项的原因在于他们对金属催化反应的研究，这一催化发应会引导只有碳-碳双键的换位（复分解）。许多与这些催化剂反应的双键都非常强，因此同时打破一个双键的两个键的化学反应是如此令人印象深刻。肖万是第一个阐明了这种催化反应详细反应机制的人。格拉布和施罗克则各自主要使用钼金属和钌金属，开发出这个反应极其活跃的催化剂。

2006　罗杰·D.科恩伯格（Roger D. Kornberg，美国）因“他对真核转录的分子基础的研究”获得了诺贝尔化学奖。为了达到DNA被“读取”而生成蛋白质的目的，需要经过一些必要的关键步骤。科恩伯格获得该奖项是因为他阐明了围绕第一个关键步骤的所有细节：转录的工作。转录涉及制备DNA的副本，它将被传输到细胞的细胞核之外的位置。有趣的是，罗杰·科恩伯格的父亲阿瑟·科恩伯格在1959年因为自己关于信息如何从一个DNA分子传输到另一个分子方面的研究获得了诺贝尔生理医学奖。谁曾想到，他的儿子会因为近似的研究而获得了另一个诺贝尔奖呢？

2007　格哈德·埃特尔（Gerhard Ertl，德国）因“他对固体表面化学反应的研究”获得了诺贝尔化学奖。表面化学对于众多的化学应用领域来说有着广泛重要性。这些应用领域包括但不仅限于大气化学（发生在冰晶体的表面一些与大气相关的反应）、半导体和捕获太阳能。埃特尔是现代表面科学的创始人之一，他在发展许多当今仍用于研究表面作用的技术方面发挥了极大的作用。能良好表征表面的研究通常需要在超高真空条件下进行，以此来避免表面受任何气相分子的污染——这些气相分子有可能会吸附在进行研究的表面。

2008　下村修（Osamu Shimomura，日本）、马丁·沙尔菲（Martin Chalfie，美国）和钱永健（Roger Y. Tsien，美国）因“发现和改造了绿色荧光蛋白（GFP）”获得了诺贝尔化学奖 。这三位科学家因为他们对于一种被简称为“绿色荧光蛋白”的蛋白质的研究而获得诺贝尔奖。这种蛋白质的首次发现可以回溯到1962年一只水母的身上。它最终成为生物科学的一种非常重要的分子，因为聪明的研究人员已经找到了利用GFP研究原本不可见的化学过程的方法。下村修、沙尔菲和钱永健这种具有前瞻性的重大发现，引领了今天研究人员们对于GFP的了解与使用。

2009　文卡特拉曼·拉马克里希南（Venkatraman Ramakrishnan，美国）、托马斯·A.施泰茨（Thomas A. Steitz，美国）和阿达·E.约纳特（Ada E. Yonath，以色列）因“对核糖体结构和功能的研究”获得了诺贝尔化学奖。拉马克里希南、施泰茨和约纳特负责揭示在原子水平的核糖体的结构和功能，并正是因为这项工作他们共享了这一年的诺贝尔奖。他们用X射线晶体单独映射组成核糖体的每个原子，而核糖体是由成千上万的原子组成的！核糖体在每个细胞中都起着至关重要的作用，因为它负责蛋白质的合成。在这些研究结果的基础上，这些研究人员还开发了模型以显示抗生素是如何与核糖体结合的。

2010　理查德·赫克（Richard E. Heck，美国）、根岸荣一（Ei-ichi Negishi，日本）和铃木章（Akira Suzuki，日本）因“对有机合成领域中的钯催化偶联反应的研究”获得了诺贝尔化学奖。因为对于被称为钯催化的交叉耦合系列反应的开发，赫克、根岸和铃木三人分享了这一年的诺贝尔化学奖。这类反应是有机合成中强有力的工具，帮助化学家形成碳-碳键（这通常不是一件容易完成的任务）。反应的过程是：首先由碳原子们连接到一个普通的钯中心，之后在该点上碳-碳键形成了。

2011　丹·谢赫特曼（Dan Shechtman，以色列）因“发现准晶体”获得了诺贝尔化学奖。在准晶体的发现过程中，起初谢赫特曼所做的一切，被一部分科学家认为是愚蠢和完全错误的。在一台显微镜的帮助下，谢赫特曼发现分子的图案呈现一种重复性的排列，而这种排列方式根据几何的简单参数来说，是不应该出现的一类以周期性进行重复的方式。由此，这个有争议的发现，加上谢赫特曼对于自己发现的各种辩护，导致在这一研究结果发现过程的初期，他被迫离开自己的研究小组。在经历过漫长的抗争之后，他的发现终于得到了各方的认可。截至目前，准晶体还没有被发现具有重要的应用性，但是它们足以使科学家们重新思考固体物质的基础性质，而这就已经造就了化学领域中极大的事件。

2012年　罗伯特·J.莱夫科维茨（Robert J. Lefkowitz，美国）和布莱恩·K.科比尔卡（Brian K. Kobilka，美国）因“对G蛋白偶联受体研究”获得诺贝尔化学奖。莱夫科维茨和科比尔卡因为对于被称为G蛋白偶联受体的这一类受体的研究，分享这一年的奖项。这些受体在细胞“感知”周围环境的过程中扮演了重要的角色，尤其是细胞对药物、激素等其他信号分子的应激反应。从20世纪60年代末期开始，莱夫科维茨就开始从事这一领域的研究，而科比尔卡的研究则开始于20世纪80年代。直到2011年，他们才能够准确地在激素激活其信号机制的一刹那获得受体的图像。该奖项的授予是因为他们集体的工作成功阐明了这些受体的运作方式。